Tierarzt Dr. Martin Bucksch

Ernährungsratgeber für Hunde

Fit und gesund – Hunde richtig füttern

KOSMOS

Liebe Hundehalterinnen, liebe Hundehalter,

Als Tierarzt werde ich immer wieder von meinen Kunden gefragt, wie sie ihren Hund am besten füttern und wie sie seine Ernährung artgerecht und abwechslungsreich gestalten können.

Abwechslung im Futternapf

Als berufstätiger Halter zweier Hunde frage ich mich selbst oft genug, ob ich die Ernährung meiner Schützlinge nicht abwechslungsreicher und/oder gesünder gestalten kann. Ertappe ich mich dann wieder einmal dabei, dass ich aus Zeitgründen auf ein kommerzielles Fertigfutter zurückgreife, rührt sich mein Gewissen, denn ich weiß ja, dass der Inhalt des eigenen Kühlschrankes in den meisten Fällen genug hergibt. Ohne großen Zeitaufwand wäre schnell und auch preiswert für eine gesunde Abwechslung auf dem Speiseplan des Hundes gesorgt.

Natürlich ist die Fütterung eines Fertigalleinfutters nicht generell schlecht, aber als ausschließliche Nahrung ist sie sicher etwas eintönig.

Einseitigkeit steht nicht auf dem Speiseplan der Natur, doch sollte das Schlagwort „Ausgewogenheit" nicht als bindend für die Einzel(futter)ration verstanden werden. Der Organismus verfügt über ausreichende Speicherfunktionen und Regulierungsmechanismen. Deshalb kann die Einzelration durchaus gesund und schmackhaft sein, ohne in ihrer Zusammensetzung „komplett" bzw. ausgewogen zu sein. Wichtig ist, uns selbst und unsere Tiere über einen längeren Zeitraum und in der Summe der Nährstoffe ausgewogen zu ernähren.

Durchblick im Ernährungsdschungel

Dieses Buch soll Ihnen eine praktische Hilfe dabei sein, sich selbst eine Meinung über die Vor- und Nachteile von verschiedenen Ernährungsmethoden,

Futtermitteln und Futtermittelzubereitungen zu bilden, ohne Sie mit zu vielen wissenschaftlichen Details, Tabellen und Schemata zu verwirren.

Ich habe versucht, verschiedene Nahrungsmittel und Fütterungsansätze objektiv zu vergleichen, ohne mich auf die Seite einer bestimmten (oft extremen) Haltung zu schlagen. Mit dem Vergleich bekommen Sie die Möglichkeit, die Ernährung Ihres Hundes mit einigen einfachen und praktischen Alternativen abwechslungsreicher und sicher auch ein wenig gesünder zu gestalten.

Zudem möchte ich Ihnen zeigen, wie die Kennzeichnungen und Inhaltsangaben von Fertigfuttermitteln zu verstehen (und zu vergleichen) sind.

So können Sie für Ihren Vierbeiner das optimale Futter auswählen.

Angepasst auf den eigenen Hund

Hunde haben in bestimmten Lebensabschnitten und -situationen unterschiedliche Bedürfnisse, auf die man auch bei der Ernährung Rücksicht nehmen sollte. Auch bei bestimmten Erkrankungen ist eine sorgfältige Fütterung notwendig. Und ich möchte Ihnen ein paar einfache und gesunde Rezeptvorschläge an die Hand geben, um mehr Abwechslung in den Speise-(Futter-)plan zu bringen.

Guten Appetit!
Ihr
Dr. Martin Bucksch

Der Hund,
ein Fleisch-
oder Allesfresser?

Die Nahrungsaufnahme

Um die Nahrungs- und Ernährungsbedürfnisse des Hundes besser zu verstehen, schaut man sich am besten die Ernährungsgewohnheiten seines Vorfahren, des Wolfes, an.

Nahrungsvielfalt

Die Aussage, der Hund (Wolf) sei ein reiner Fleischfresser (lat. carnivor = Fleischfresser) ist in der Tat irreführend. Der natürliche „Speiseplan" des Wolfes geht weit über den ausschließlichen Verzehr von (Muskel)fleisch hinaus. Er ernährt sich von Beutetieren, die er, besonders wenn es sich um kleinere Tiere oder Aas handelt, „mit Haut und Haar" verschlingt. Abgesehen vom Fell werden hier insbesondere Innereien, auch Mageninhalt von Pflanzenfressern, Organe und Knochen verwertet. All dies liefert dem Wolf eine Fülle wichtiger unterschiedlicher Nährstoffe. Erst durch die Summe dieser Nahrungskomponenten wird die Mahlzeit „vollwertig". Darüber hinaus stehen auf seinem Speiseplan Gräser, Kräuter, Beeren, Samen und Wurzeln (und das nicht nur in mageren Zeiten). Gerne fressen Wölfe auch den (ballaststoffreichen) Kot von Pflanzenfressern. Dieser liefert neben Faserstoffen auch Mineralstoffe und Vitamine.

Brenn- und Baustoffe

Die Nährstoffe, die der Hund wie alle anderen Lebewesen benötigt, erfüllen zwei Grundfunktionen:

1. Sie dienen als Energielieferanten, d.h. sie liefern das Brennmaterial zur Energiegewinnung.
2. Sie dienen als Baumaterial zum Aufbau körpereigener Substanz.

Ausgewogene Ernährung

Ausgewogenheit sollte in der Nahrung über Zeiträume von Wochen und Monaten gewährleistet sein. Es gibt keine biologische Notwendigkeit, eine einzelne Mahlzeit so zuzubereiten, dass sie komplett ausgewogen ist.

Einige Nährstoffe erfüllen ausschließlich den einen oder anderen Zweck (z.B. Mengen- oder Spurenelemente). Eiweiß hingegen dient zwar überwiegend als Bausubstanz für körpereigenes Material, kann aber in Ermangelung eines anderer Energielieferanten wie Kohlenhydrate oder Fette, vom Körper ebenfalls zur Energiegewinnung herangezogen werden. Sämtliche körpereigenen Prozesse (Aktivität, Wachstum, Aufrechterhaltung der Körpertemperatur, usw.) sind auf diese Energie angewiesen.

Energie

Energiegewinnung und -freisetzung erfolgt durch Verbrennung organischen Materials. Dies geschieht durch stufenweisen Abbau von höhermolekularen Nährstoffen (hauptsächlich Kohlenhydraten und Fetten) zu Kohlendioxid und Wasser. Hierbei wird in kleinen Etappen Energie in Form von Wärme gewonnen.

Der Verdauungstrakt

Der Verdauungstrakt des Hundes ist im Vergleich mit anderen Spezies relativ kurz. Wie alle Fleischfresser kann er keine Zellulose (pflanzliche Faser, siehe S. 16) verwerten und muss sich von Lebewesen ernähren, die diese Aufgabe bereits für ihn übernommen haben. Pflanzenfresser hingegen bedienen sich einer komplexen bakteriellen Flora und Fauna, die sie überwiegend in bestimmten Magen- (Wiederkäuer) und Darmabschnitten (sonstige Pflanzenfresser) beherbergen. Diese Fremdorganismen sind in der Lage, pflanzliches Rohmaterial wie Zellulose aufzuschlüsseln und für den höheren Organismus strukturell und energetisch verwertbar zu machen. Kurz gesagt: Der Pflanzenfresser verwertet die Mikroorganismen und deren Stoffwechselprodukte, der Fleischfresser den Pflanzenfresser.

Anatomisch gesehen ist der Verdauungstrakt ein schlauchförmiger Kanal, dem einige Anhangsdrüsen angegliedert sind (u.a. Leber, Bauchspeicheldrüse). In seiner gesamten Länge umfasst er beim Hund die ca. 5- bis 6fache Körperlänge, sein Gewicht beträgt ca. 4 bis 6 % der Körpermasse. Kleinere Hunde haben im Vergleich zu großen Rassen einen relativ größeren Verdauungstrakt.

Die Verdauung

Die Verdauung der Nährstoffe erfolgt überwiegend mittels der körpereigenen Verdauungsenzyme, die die Nahrungsbestandteile in immer kleinere Einheiten zerlegen, bis hin zu einer Größe, die über die Darmschleimhaut aufgenommen werden kann. Die Nährstoffe können somit dem Körper zur Verfügung gestellt werden. Einen kleinen Anteil haben auch Bakterien, die überwiegend im Dickdarm tätig sind. Damit die Verdauungsprozesse ungestört ablaufen können, sind sowohl chemische als auch mechanische Faktoren (Darmperistaltik) entscheidend. Eine große Rolle spielt hierbei der Säuregrad (pH-Wert, siehe S. 13) in den verschiedenen Abschnitten des Verdauungskanals.

Was passiert im Maul?

Hunde zerkauen die aufgenommene Nahrung allenfalls grob. Wie jedem Hundebesitzer bekannt ist, sorgen Reflexe dafür, dass der Speichelfluss bereits (kurz) vor der Nahrungsaufnahme einsetzt. Im Gegensatz zu anderen Lebewesen enthält der Speichel des Hundes keine Verdauungsenzyme.

Vom Maul gelangt die mithilfe des Speichels nur gleitfähig gemachte Nahrung über die Speiseröhre in den Magen. Die Speiseröhre selbst besteht aus einem mit Schleimhaut ausgekleideten Muskelschlauch, der die Nahrung mittels wellenförmiger Kontraktionen aktiv in den Magen befördert.

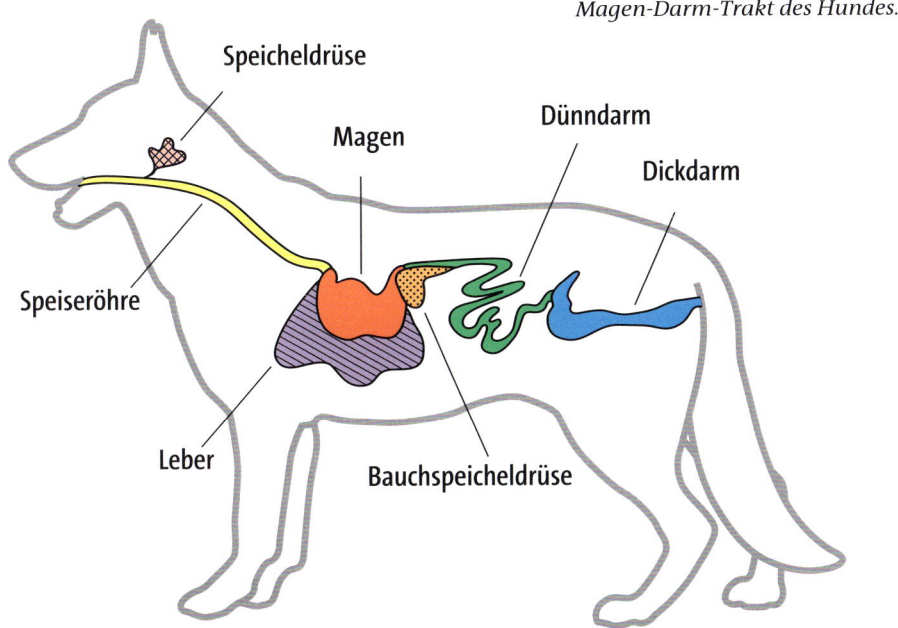

Magen-Darm-Trakt des Hundes.

Speicheldrüse

Magen

Dünndarm

Dickdarm

Speiseröhre

Leber

Bauchspeicheldrüse

Was passiert im Magen?

Im Magen beginnt die enzymatische Verdauung, d.h. chemische Zerkleinerung und Zerlegung der Nahrungsbestandteile. Die Nahrung wird mittels der mageneigenen Salzsäure bei einem pH-Wert von bis zu < 2 angesäuert und die Eiweißaufspaltung durch das im sauren Milieu äußerst wirksame Enzym Pepsin begonnen. Durch die Salzsäure werden schädliche Bakterien größtenteils abgetötet. Eine Schleimschicht auf der inneren Oberfläche schützt den Magen vor „Selbstverdauung". Innerhalb einiger Stunden wird der Mageninhalt portionsweise in den Dünndarm weitergeleitet.

Was passiert im Dünndarm?

Der Dünndarm ist in drei Abschnitte unterteilt, die in ihrer Gesamtheit den längsten und wichtigsten Teil des Darmtraktes darstellen. Anatomisch handelt es sich bei den Dünndarmabschnitten (vom Magen in Richtung Dickdarm) um den Zwölffingerdarm (hier münden die Ausführungsgänge der beiden wichtigen Darmanhangdrüsen von Leber und Bauchspeicheldrüse), den Leerdarm und den Hüftdarm.
Um eine größtmögliche Aufnahme der Nahrungsbestandteile zu gewährleisten, ragen unzählige Ausstülpungen (Zotten) in das Lumen des Dünndarmes, die

Ein voller Magen macht hundemüde.

ihrerseits ebenfalls mit einem Bürstensaum versehen sind. Dies erhöht um ein Vielfaches die Oberfläche der Darmschleimhaut.

Im Dünndarm setzt sich die Eiweißverdauung fort, unterstützt durch den von der Bauchspeicheldrüse abgesonderten Bauchspeichel. Hier befinden sich Enzyme, die für die zusätzliche Verdauung von Kohlenhydraten und Fetten zuständig sind.

Bauchspeicheldrüse

Hunde verfügen über eine besonders ausgeprägte Fähigkeit zur Fettverdauung, was den Enzymen der Bauchspeicheldrüse zu verdanken ist. Deshalb kann es bei ihrer Erkrankung zu schweren Magen-Darm-Problemen kommen.

Die in der Leber produzierte und ebenfalls in den Dünndarm geleitete Galle spielt neben anderen Funktionen eine entscheidende Rolle bei der Aufnahme der zuvor aufgespaltenen Fette. Mit ihrer Hilfe werden die Fett spaltenden Enzyme des Bauchspeichels aktiviert und die so entstehenden Fettbestandteile mithilfe der Gallensäuren löslich gemacht, so dass eine Aufnahme über die Darmschleimhaut erfolgen kann. Diese produziert ihrerseits einen Saft, dessen Enzyme die Eiweiß-, Kohlenhydrat- und

Fettverdauung fortsetzen. So kommt es im Dünndarm zu einer Vermischung und zunehmenden Zerlegung der Nahrungsbestandteile in immer kleinere Bausteine (z.B. Zweifachzucker in Einfachzucker oder Eiweiße in Aminosäuren, siehe S. 16 ff.), die von den Schleimhautzellen aufgenommen werden.

Was passiert im Dickdarm?

Der dem Dünndarm folgende Dickdarm ist beim Hund verglichen mit anderen Lebewesen einfach aufgebaut, relativ klein und wird anatomisch in die Abschnitte Blinddarm, Grimmdarm und Mastdarm unterteilt. Im Dickdarm (besonders im Mastdarm) herrscht eine umfangreiche Besiedelung mit Bakterien, die durch entsprechende Fermentierungsprozesse (siehe S. 17) maßgeblich zur weiteren Verdauung und Verarbeitung des Speisebreis beitragen. So entstehen z.B. aus pflanzlichen Faserstoffen sogenannte flüchtige Fettsäuren, die als Energiequelle genutzt werden können. Der Großteil des Flüssigkeitsanteils des Speisebreis wird resorbiert, d.h. vom Körper über die Dickdarmschleimhaut zurückgeholt. Der unverdaute Nahrungsrest sammelt sich im Mastdarm, bis dieser sich leert. Bei Dickdarmerkrankungen kann dieser Prozess gestört und die Kotkonsistenz entsprechend verändert sein (Durchfall).

Verdaulichkeit

Was die tatsächliche Nutzung von Nährstoffen seitens des Organismus betrifft, ist die sogenannte Verdaulichkeit von Bedeutung. Diese bezeichnet die tatsächlich vom Körper aufgenommene und somit dem Körper verfügbar gemachte Futtermenge. Sie errechnet sich aus der Differenz zwischen den über die Nahrung aufgenommenen und den über den Kot ausgeschiedenen Nährstoffen. So werden bei einem hochverdaulichen Futter relativ wenige Nährstoffe wieder mit dem Kot ausgeschieden. Ein größerer Anteil kann vom Körper genutzt werden. Da mit dem Kot z.B. auch Darmsäfte oder Schleimhautzellen ausgeschieden werden, die ja nicht unverdaute Nahrung, sondern körpereigene Substanz darstellen, ist es korrekter, von einer „scheinbaren Verdaulichkeit" zu sprechen. Die tatsächliche Verdaulichkeit liegt etwas darüber.

$$\text{Scheinbare Verdaulichkeit (in \%)} = \frac{\text{Nährstoffaufnahme} - \text{Nährstoffausscheidung}}{\text{Nährstoffaufnahme}} \times 100$$

Mit dem Futter werden von einem Hund 100 g Rohprotein aufgenommen, 20 g werden über den Kot ausgeschieden. Die scheinbare Verdaulichkeit beläuft sich also auf 80 %, d.h. 80 g des aufgenommenen Rohproteins wurden vom Körper zur Verwertung einbehalten.

Werte im Magen-Darm-Trakt

pH-Wert

Der pH-Wert ist ein Maß für die Stärke der sauren bzw. basischen Reaktion einer wässrigen Lösung.

pH < 7 => saure Lösung

pH = 7 => neutrale Lösung

pH > 7 => alkalische/basische Lösung

Der pH im Magen des Hundes liegt im sauren Bereich (teilweise < 2). Diesem extrem sauren Milieu ist es zu verdanken, dass der Großteil der abgeschluckten Keime sofort abgetötet wird. So kann der Hund selbst Aas oder verdorbene Nahrung schadlos aufnehmen, vorausgesetzt, es sind keine bakteriellen Gifte enthalten. Zudem wird das mageneigene Eiweiß spaltende Enzym Pepsin erst im sauren Milieu aktiv.

Im Dünndarm hilft der basische Bauchspeichel neutrale bzw. leicht basische Werte (pH 6,5 bis 7,5) zu erreichen. Im Dickdarm schließlich herrscht ein leicht saures Milieu (pH 6 bis 7).

Wassergehalt

Der Inhalt im Dünndarmbereich ist flüssig (75 bis 90 % Wasseranteil durch Beimengung von Magen- und Darmsaft sowie Bauchspeichel), im Dickdarm ist ein Großteil des Wassers resorbiert, und der Inhalt nimmt zunehmend feste Konsistenz an (Wasseranteil 60 bis 75 %).

Sauerstoffkonzentration

Die Sauerstoffkonzentration des Darminhaltes spielt für die Verdauung eine wichtige Rolle. Sie nimmt zunehmend ab, so dass den mit dem Futter aufgenommenen Keimen die Lebensgrundlage entzogen wird. Die größtenteils im Dickdarm arbeitende bakterielle Flora benötigt für ihre Aktivität ein sauerstoffarmes Milieu. Diese Keime bezeichnet man als Symbionten, da sie mit dem Körper eine Kooperation bilden. Beide sind aufeinander angewiesen und profitieren von diesem Zusammenschluss. Die Darmflora ist in der Lage, unverdauliche Faserstoffe teilweise zu verdauen und somit den Wirt (Hund) mit wichtigen Nährstoffen (kurzkettige Fettsäuren, Vitamine) zu versorgen.

Nährstoffe im Überblick

Jeder Nahrungs- bzw. Futtermittelbestandteil, der dazu beiträgt, Leben zu erhalten, ist ein Nährstoff.

Unterteilung der Nährstoffe

Nährstoffe sind essenziell oder nicht essenziell. Ersteres bedeutet, der Körper ist nicht in der Lage, diesen selbst herzustellen und daher darauf angewiesen, ihn über die Nahrung aufzunehmen. Für den Hund sind zehn, für die Katze elf Aminosäuren (AS) essenziell. Die Nährstoffe lassen sich in 6 Kategorien unterteilen:
1) Wasser
2) Kohlenhydrate (Zucker)
3) Proteine (Eiweiß)
4) Lipide (Fette)
5) Mineralstoffe
– Mikromineralstoffe (Spurenelemente)
– Makromineralstoffe (Mengenelmente)
6) Vitamine
Kohlenhydrate, Eiweiß und Fett bilden die Energie liefernden Nährstoffe.
Jeden Tag werden vom Körper zur Aufrechterhaltung der Lebensfunktionen verschiedene Nährstoffe in unterschiedlichen Mengen benötigt.

Überschuss und Mangel
Jeder Nährstoff kann bei zu niedriger Konzentration anhaltend die Körperfunktionen beeinträchtigen und – bei entsprechend zu hoher Konzentration – zum „Gift" werden.

Wasser

Ohne Wasser kein Leben!
Wasser besteht chemisch aus Wasserstoff und Sauerstoff. Es macht den Hauptteil der Körpermasse aus (40 bis 80 %) und ist als Lösungsmittel, z.B. am Transport von Körperflüssigkeiten und den in ihnen gelösten Stoffen, sowie an allen wichtigen Stoffwechselprozessen und chemischen Reaktionen beteiligt. Den größten Teil des benötigten Wassers muss der Körper von außen in Form von Trinkwasser bzw. über die Nahrung aufnehmen, nur ein kleiner Teil bildet sich im Körper im Zuge von chemischen Reaktionen (Energiegewinnung).

Wasserverlust

Tiere können fast ihr gesamtes Körperfett sowie 50 % ihres körpereigenen Eiweißes verlieren und überleben. Ein Wasserverlust von 15 % ist tödlich.

Wasserbedarf

Die Wassermenge, die ein Hund täglich aufnehmen muss, entspricht in etwa der täglichen Energieaufnahme in Kilokalorien (pro Tag = ca. 1,6 * Ruheumsatz). Bei einem gesunden Hund bedeutet dies ca. 50 (40 bis 70) ml Wasser pro kg Lebendmasse und Tag.

In Situationen, in denen es zu vermehrtem Flüssigkeitsverlust kommt, besteht ein erhöhter Wasserbedarf. Diese sind:
– Erhöhte Außentemperaturen
– Laktation
– Erhöhte Körpertemperatur
– Polyurie (vermehrte Harnproduktion)
– Flüssigkeitsverluste durch Erbrechen und/oder Durchfälle
– Starke Blutungen
– Verbrennungen

Dem Hund sollte stets sauberes, frisches Wasser zur Verfügung stehen!

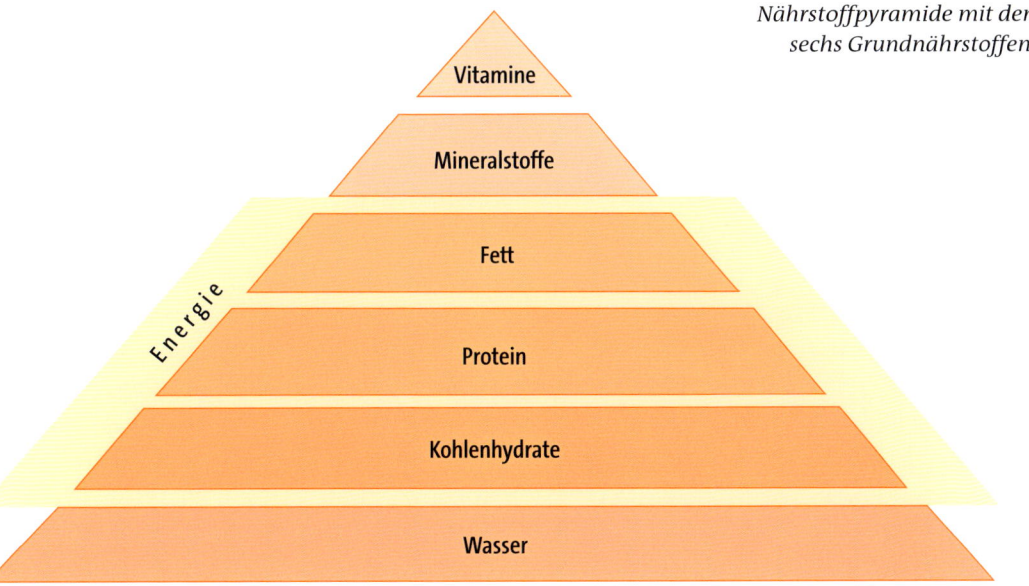

Nährstoffpyramide mit den sechs Grundnährstoffen.

aus: „Grundlagen der Kleintierernährung", Hill's Pet Nutrition, Inc.

Kohlenhydrate

Kohlenhydrate bestehen aus Kohlenstoff, Wasserstoff und Sauerstoff.
Sie gehören zu den Energie liefernden Nährstoffen. Hierfür wird z.B. Glukose (Einfachzucker) zu ATP (einem energiereichen Molekül), Kohlendioxyd und Wasser umgewandelt.
Zu den Kohlenhydraten gehören:

1. Einfachzucker
– Monosaccharide (mono = ein, Saccharid = Zucker) → z.B. Glukose
– Disaccharide (di = zwei) → z.B. Laktose
2. Oligosaccharide (oligo = einige, bestehen aus 3 bis 9 Zuckereinheiten) → z.B. Raffinose
3. Polysaccharide (poly = viele)
– Stärke → z.B. Amylose, Glykogen
– Rohfaser → z.B. Zellulose, Pektin

Stärke und Rohfaser unterscheiden sich durch die Art der chemischen Bindung zwischen den einzelnen Zuckereinheiten. Dies entscheidet über die Verdaulichkeit: Die Enzyme des Hundes (sowie aller Säugetiere) sind nicht in der Lage, die Bindungen zwischen den Zuckereinheiten der Ballaststoffe (Rohfaser) zu spalten. Deshalb zählt Rohfaser zu den unverdaulichen Kohlenhydraten, Stärke zählt zu den verdaulichen. Bakterien verfügen hingegen über die nötigen Enzyme, weshalb im Dickdarm des Hundes eine teilweise „Fremd"verdauung auch von Rohfaser möglich ist.

Funktionen

Einfachzucker und Stärken werden im Körper als Glukose verwertet. Diese liefert Energie. Bei der entsprechenden Umwandlung wird Wärme produziert. Zudem können sie als strukturelle Komponenten („Bausteine") für andere Nährstoffe wie z.B. bestimmte Aminosäuren, Milchzucker (Laktose) sowie Vitamin C Verwendung finden.
In Form von Glykogen (ein größeres Speichermolekül) oder zu Fett umgewandelt, dienen sie als Energiespeicher. Überschüssige Kohlenhydrate werden generell zu Fett umgewandelt.

Rohfaser erfüllt im Wesentlichen zwei Hauptfunktionen:
1. Sie fördert und reguliert die Darmtätigkeit. Bei Hunden mit langsamer Durchgangszeit wird die Darmpassage verkürzt, bei Hunden mit schneller

Kohlenhydrat- und rohfaserreiche Lebensmittel

Kohlenhydrate

Zucker → Obst, Honig
Laktose → Milch und Milchprodukte
Stärke → Reis, Mais, Weizen, Gerste, Hafer, Kartoffeln

Rohfaser (RF)

Langsam gärende Rohfaser wie z.B.
Zellulose → Weizenkleie
Mäßig gärende Rohfaser → Weizenkleie, Reiskleie, Erbsenfaser
Schnell gärende Rohfaser → Äpfel, Zitrusmark, Guar Gum

Durchgangszeit verlängert. Dies ist insbesondere bei Verstopfungen und Durchfallerkrankungen von Bedeutung. 2. Rohfaser gewährleistet einen gesunden Kolon (Dickdarm), indem sie die bakterielle Flora unterstützt.

Kohlenhydratverdauung

Die Verdauung von einfachen Zuckern und Stärke erfolgt im gesamten Verdauungstrakt, während die mikrobielle Verdauung (also mithilfe von Bakterien) der Rohfaser überwiegend durch Gärung im Dickdarm stattfindet (siehe S. 18). Die (bio)chemische, d.h. enzymatische Verdauung der Kohlenhydrate findet zu einem kleinen Teil mithilfe der Magensäfte und zum Großteil im Dünndarm statt. Zuerst erfolgt hier die Aufspaltung

der Stärken und Zucker mithilfe der Verdauungssäfte der Bauchspeicheldrüse, anschließend bereiten die im Bürstensaum der Darmschleimhaut hergestellten Enzyme die Aufnahme der Endprodukte über die Schleimhaut vor. Einfachzucker bedürfen keinerlei weiterer Aufspaltung und können direkt über die Dünndarmschleimhaut aufgenommen werden. Eines der im Bürstensaum produzierten Enzyme ist die Lactase, die für die Aufspaltung des Milchzuckers (Laktose) verantwortlich ist.

Im Dickdarm schließlich wird durch bakterielle Fermentierungsprozesse von Faserstoffen zusätzliche Energie in Form von kurzkettigen Fettsäuren und Gasen produziert. Erstere können von den Zellen der Darmschleimhaut zur Energiegewinnung verwendet werden und stellen somit wichtige Nährstoffe für den Hund dar.

Milchunverträglichkeit

Ausgewachsene Hunde produzieren wie auch Katzen nur noch geringe Mengen des Enzyms Laktase. Dies erklärt die oftmals auftretenden Probleme bei der Verdauung von Milch. Sie sind darauf zurückzuführen, dass Laktose unverdaut den Dünndarm passiert, um dann von bestimmten Bakterien im Dickdarm verdaut zu werden, die sich mit seiner Hilfe vermehren. Unverträglichkeitssymptome wie säuerlich riechender Durchfall können die Folge sein.

Gärungsprozesse

Gärung ist ein Prozess, bei dem sogenannte Anaerobier (= Bakterien, die unter Ausschluss von Sauerstoff leben können) Kohlenhydrate in Abwesenheit von
Sauerstoff so abbauen, dass Energie er-
zeugt wird, die zum Teil von den Bakterien selbst genutzt und teilweise dem
Wirt zur Verfügung gestellt wird.

Die Wertigkeit von Faserstoffen im Hinblick auf ihr Energie lieferndes Potenzial
kann anhand der Gärungsgeschwindig-
keit definiert werden. Man unterscheidet
zwischen langsam gärenden, mäßig
schnell gärenden und schnell gärenden
Faserstoffen. Die ersten beiden verleihen
dem Kot Fülle, indem sie Wasser binden.
Diesen Effekt kann man bei der Behandlung von Übergewicht nutzen! Spezielle
Diäten zur Gewichtsreduktion enthalten
höhere Anteile an langsam oder mäßig
schnell gärenden Faserstoffen. Sie „behindern" im Darm die Reaktionen zwischen Nahrungspartikeln und Verdau-
ungsenzymen an der Oberfläche der

Darm(epithel)schleimhautzellen. Dies
führt zu einer Reduktion der Verdauung
und Aufnahme der Nährstoffe (und somit zu einer verringerten Kalorienab-
gabe!). Ferner erzeugen Faserstoffe ein
Völlegefühl, indem sie die Magenentleerung verzögern.

Empfohlene Menge und Bedarf

Hunde haben keinen absoluten Bedarf
an Kohlenhydraten, d.h. im Gegensatz zu
bestimmten Amino- und Fettsäuren sind
Kohlenhydrate nicht essenziell. Als Energielieferant für den Körper und besonders für das zentrale Nervensystem sind
Glukose und deren Vorläufer jedoch unverzichtbar. Werden diese nicht in ausreichender Menge in Form von Kohlenhydraten in der Nahrung geliefert, wird
der Fett- und Proteinstoffwechsel zur Energiegewinnung herangezogen. Das geht
zu dessen Lasten und ist weniger effizi-
ent in der Kaloriengewinnung. Deshalb
stellen Zucker und Stärke eine sowohl
leicht verdauliche als auch wirtschaft-
liche Energiequelle dar.

Kommerzielle Trockenfutter
Kohlenhydratanteil: 30 bis 60 % (meist
in Form von Stärke)

Generell sollten 50 bis 60 % Stärke und
18 % Zucker in der Ration nicht überschritten werden, da es sonst ebenfalls

Leicht gärende Faserstoffe

Je schneller und leichter ein Faserstoff gärt,
umso mehr Darmgase werden gebildet, was zu
Blähungen führen kann. Zudem kann
ein hoher Anteil an schnell gärender
Rohfaser eine abführende Wirkung
haben (Durchfall).

Im Herbst ist der Tisch in der Natur reich gedeckt. Viele Hunde lieben Äpfel und anderes Obst.

zu Problemen bei der Verdauung kommen kann. Ein erhöhter Bedarf besteht während der Trächtigkeit und der Laktation. Diäten ohne Kohlenhydrate oder mit einem zu geringen Kohlenhydratgehalt haben nachweislich zu Problemen wie einer Reduktion der Lebendgeburten, fötalen Abnormalitäten, einem reduzierten Bemutterungsverhalten, Lethargie, Embryoresorption und einer verminderten Milchproduktion geführt!

Proteine

Proteine bestehen aus komplexen, sehr großen Molekülen, die sich wiederum aus einer Vielzahl von Aminosäuren zusammensetzen. Sie sind sozusagen die Bausteine für das Eiweißmolekül.

Dieses kann aus vielen hundert oder gar Tausenden von aneinander geketteten AS bestehen. Diese Ketten bilden Knäuel, indem sie sich aufrollen und somit dem Eiweißmolekül seine dreidimensionale Struktur verleihen. Obwohl es Hunderte verschiedener AS gibt, sind an der Zusammensetzung tierischer Eiweiße nur 21 von ihnen beteiligt.

Jede Aminosäure enthält vier chemische Gruppen, von denen drei bei allen gleichermaßen vorkommen (ein Wasserstoffatom -H, eine Carboxylgruppe -COOH sowie eine Stickstoff- oder Aminogruppe $-NH_2$). Außerdem eine vierte, variable Gruppe, die beispielsweise aus einem Schwefelatom (S) oder einer SO-Gruppe bestehen kann.

Bausteine körpereigener Gewebe und Organe

Aminosäuren bilden eine Vielzahl verschiedener Eiweißmoleküle. Diese weisen unterschiedliche Merkmale auf, je nach Körpergewebe, an dessen Aufbau sie beteiligt sind. Grundsätzlich enthalten alle Gewebe Protein in unterschiedlichem Anteil. So weist z.B. Muskelgewebe einen hohen, Fettgewebe einen vergleichsweise niedrigen Eiweißgehalt auf. Proteine sind für lebensnotwendige Prozesse wie Wachstum, Ergänzung oder Reparatur von Organen bzw. Geweben unerlässlich.

Muskelfleisch liefert hochwertiges Eiweiß.

Proteine in Körpergeweben	
Kollagen und Elastin	Knorpel, Bänder, Sehnen
Actin, Myosin	Muskelfasern
Keratin	Haut, Haare, Krallen
Albumine, Globuline, Hämoglobin, Transferrin	Bluteiweiße
Sonstige Eiweiße im Körper: Enzyme, Hormone (z.B. Insulin, Östrogen), Antikörper	

Biologische Wertigkeit

Die Qualität eines Nahrungsproteins definieren wir in Form der biologischen Wertigkeit. Diese bezieht sich auf den Gehalt an essenziellen AS. Der biologische Wert ist umso höher, je mehr die in ihm enthaltenen essenziellen AS genau den Erfordernissen des Organismus entsprechen und je höher die Verdaulichkeit des Proteins ist.

Proteine mit hoher biologischer Wertigkeit sind in der Regel auf den ersten Blick teurer. Aber der Organismus braucht von ihnen relativ wenig, da auch mit einer vergleichbar kleineren Menge der Bedarf an essenziellen AS in der idealen Proportion gedeckt wird.

Hochwertige Eiweißquellen wie Fleisch, bindegewebsarme Schlachtabfälle, Ei, Milchprodukte oder aufbereitetes Sojaprotein erreichen eine Verdaulichkeit von über 90 %. Weniger hochwertige Proteine (Sehnen, Knorpel oder Schlachtabfälle mit hohem Bindegewebsanteil) passieren größtenteils unverdaut den Dünndarm. Sie gelangen in den Dickdarm, wo sie zur Vermehrung besonderer Eiweiß abbauender Keime beitragen, die ihrerseits nützliche Keime der Darmflora überwuchern und deren Zusammensetzung negativ beeinflussen. Zudem kommt es zur Freisetzung von bakteriellen Eiweißabbauprodukten wie Ammoniak und Schwefelwasserstoff, die in der Leber entgiftet werden müssen und den Organismus belasten können.

Ei-Protein (Albumin) entspricht in seiner Zusammensetzung an essenziellen AS den Bedürfnissen der meisten Tiere und zeichnet sich durch eine hohe Verdaulichkeit (bis zu 90 %) aus. Daher wird der biologische Wert von Ei-Protein als Maßstab herangezogen und auf den Wert 100 festgesetzt. An ihm lassen sich andere Eiweiße in Bezug auf ihre biologische Wertigkeit messen.

Eiweißverdauung

Um vom Organismus verwertet zu werden, müssen Proteinmoleküle zunächst enzymatisch zerlegt werden. Nur einzelne AS und kleine Peptide (Einheiten aus bis zu vier AS) können die Darmwand passieren und somit dem Organismus zur Verfügung gestellt werden. Zunächst geschieht dies, indem das Protein im Magen mithilfe des Enzyms Pepsin in kleinere Fragmente, sogenannte Polypeptide, zerlegt wird. Diese bestehen aus vielen AS. Im Magen findet noch keine Absorption statt. Erst im Dünndarm werden die Polypeptide weiter in einzel-

ne AS aufgespalten, die schließlich durch die Darmwand resorbiert werden und in den Blutkreislauf gelangen. Die hierfür notwendigen Enzyme werden in der Bauchspeicheldrüse und in den Epithelzellen des Dünndarms produziert. Die in den Blutkreislauf gelangten AS werden zunächst mit dem Blut über die Pfortader in die Leber und in andere Körpergewebe transportiert, wo sie zu neuen Aminosäuren umgebaut werden. Im Anschluss können sie folgendermaßen eingesetzt werden:

1. Zur Herstellung (Synthese) körpereigener Gewebeproteine, von Enzymen, Albuminen, Antikörpern, Hormonen.
2. Zur Energiegewinnung, sofern ein Überschuss vorhanden ist.

Eier können gelegentlich (möglichst gekocht) zugefüttert werden.

Eiweißmenge

Eiweiß sollte immer in bedarf-
deckenden Mengen gefüttert
werden und möglichst von hoher biologischer Wertigkeit sein, um gesundheitliche Schäden zu vermeiden.

Eiweißmangel bzw. -überschuss

Bei Eiweißmangel greift der Körper zunächst auf Muskel-, dann auf andere Or-
gangewebe zurück. Die Folgen können
vermindertes Wachstum, Gewichtsverlust, Blutarmut (Anämie), Appetitlosigkeit, ein stumpfes, sehr trockenes und
schuppiges Fell, Muskelschwund sowie
eine erhöhte Anfälligkeit für Krankheiten, Flüssigkeitsansammlungen
(Ödeme) aufgrund verringerter Blut-
eiweiße und im schlimmsten Fall Tod
sein. Es gibt Hinweise darauf, dass langhaarige Hunde einen höheren Bedarf an
schwefelhaltigen AS (Lysin, Methionin)
haben.
Wird ein zu hoher Proteinanteil gefüttert, können die überschüssigen Proteine
vom Körper nicht gespeichert werden.
Ihr Abbau führt zur Produktion von Ammoniak, das zellschädigend und somit
giftig ist. Ammoniak muss in der Leber
zu Harnstoff (weniger schädigend) umgewandelt werden, um anschließend
über die Nieren ausgeschieden werden
zu können.

Besonders bei eingeschränkter Leber-
und Nierenfunktion müssen große Mengen an Rohprotein vermieden werden.
Der absolute Mindestbedarf an Proteinen aus der Nahrung beträgt für erwachsene Hunde, vorausgesetzt, dass es sich
um hochwertiges Eiweiß handelt, 6 %
und für heranwachsende Hunde 9,5 %
(bezogen auf die Trockensubstanz).
Die AAFCO, die zur Kontrolle der Vorschriften für Tierfutter zuständige US-
Behörde, bezeichnet den Bedarf für
erwachsene Hunde mit 18 % und den
heranwachsender Tiere mit 22 %.

Fette

Nahrungsfette (Lipide) setzen sich zum
Großteil aus Triglyceriden zusammen,
die aus einem Molekül Alkohol (Glycerol), verbunden mit drei Fettsäuren (Tri
= 3) bestehen. Die Art der Fettsäuren (FS)

Lipide, Fette und Öle

LIPIDE können je nach Temperatur und Zusammensetzung der Fettsäuren flüssig oder fest sein.
FETTE befinden sich bei Raumtemperatur in
festem Zustand.
ÖLE sind bei Raumtemperatur flüssig.

Fette mit kurzkettigen FS mit mehreren
Doppelbindungen (ungesättigt) haben
einen niedrigen Schmelzpunkt, solche mit längeren Kohlenstoffketten und weniger Doppelbindungen (weniger ungesättigt) einen höheren.

bestimmt über die biochemischen und physikalischen Eigenschaften und die Nährstoffqualität. Je nach der in einem FS-Molekül enthaltenen chemischen Bindungen (Einfach-, Doppelbindungen, sowie deren Anzahl) und der Anzahl an Kohlenstoffatomen, lassen sich die FS in drei Kategorien unterteilen:

1. Gesättigte FS enthalten keine Doppelbindungen in ihrer Kohlenstoffkette.
2. Einfach ungesättigte FS enthalten eine Doppelbindung.
3. Mehrfach ungesättigte Fettsäuren enthalten zwei oder mehr DB.

Gebräuchliche Abkürzungen (englisch):
PUFA: Polyunsaturated Fatty Acid = mehrfach ungesättigte Fettsäure
EFA: Essential Fatty Acid = essenzielle FS

Funktionen von Nahrungsfetten

– Sie dienen als wichtige Energielieferanten, enthalten 2,25-mal mehr Kalorien pro Gewichtseinheit als Kohlenhydrate oder Proteine.
– Sie gewährleisten die Absorption der fettlöslichen Vitamine A, D, E und K. Hierfür werden mindestens 1 bis 2 % Nahrungsfett benötigt.
– Sie liefern die essenziellen Fettsäuren (Omega-3- und Omega-6-FS).

Essenzielle Fettsäuren sind ein wichtiger Bestandteil biologischer Membranen (Zellmembranen) und helfen beim Transport von Molekülen durch die Membranen hindurch. Auch dienen sie als Vorläufer für die körpereigene Herstellung bestimmter Substanzen (z.B. Prostaglandinen) und schützen die Haut vor Wasserverlust. Für den Hund sind zwei Fettsäuren essenziell: Alpha-Linolensäure und Linolsäure.

Omega-3-Fettsäuren wirken entzündungshemmend. Eine Nahrungsergänzung kann in bestimmten Situationen ratsam sein:

– Vor und nach chirurgischen Eingriffen.
– Nach Verletzungen, Traumata sowie Verbrennungen.
– Bei Krankheiten, die z. B.mit Entzündungen der Haut, des Darmes, der Gelenke, Nieren etc. einhergehen.
– Bei einigen Tumorerkrankungen.

Hochwertige Öle, wie z. B. Leinöl, enthalten viele essenzielle Fettsäuren.

Fettverdauung

Die Fettverdauung findet überwiegend im Magen und Dünndarm statt und besteht aus einer enzymatischen und einer physikalischen Phase als Voraussetzung für die Aufnahme über den Darm. Die oftmals entstehenden Probleme sind darauf zurückzuführen, dass es sich um den komplexesten Verdauungsprozess im Körper handelt.

Im Magen spaltet das Enzym Lipase einen Teil des Nahrungsfetts in FS und Glycerol auf. Im Dünndarm spielen die Pankreaslipase der Bauchspeicheldrüse und die in der Leber produzierte Galle eine wesentliche Rolle. Die Pankreaslipase funktioniert ähnlich der im Magen produzierten Lipase. Die in der Galle enthaltenen Gallensalze wirken im Prinzip wie Reinigungsmittel, indem sie die Oberflächenspannung zwischen Fett und Wasser lösen, so dass immer kleinere Fetttröpfchen entstehen, die leichter von der Lipase angegriffen werden können. Kurzkettige FS werden von der Lipase leichter verdaut als langkettige.

In den Darmzellen bilden sich schließlich große Eiweiß-Fett-Verbindungen (Lipoproteine, auch „Chylomikronen" genannt). Diese bestehen aus einem Kern aus Triglyceriden und Cholesterol, umgeben von einer Hülle bestehend aus Phosphorlipiden und Proteinen. Diese Struktur ermöglicht den weiteren Transport der Fette, zunächst über das Lymphatische Gefäßsystem, anschließend über den Kreislauf. Die Verwertung der aufgenommenen FS, mit dem Ziel der Energiegewinnung, erfolgt in den Mitochondrien der Zellen, die man mit einem Kraftwerk vergleichen kann. Um diese zu erreichen, bedarf es einer wasserlöslichen, vitaminartigen AS (L-Carnithin), die den Transport der FS in den aktiven Part des Mitochondriums unterstützt.

Verdaulichkeit von Fetten

Fette mit einem hohen Anteil an ungesättigten FS, wie beispielsweise Olivenöl, Maisöl, Gänsefett oder Fischöl, zeichnen sich durch eine hohe Verdaulichkeit von bis zu 95 % aus. Rindertalg hingegen enthält erheblich geringere Mengen an ungesättigten FS und besitzt somit eine schlechtere Verdaulichkeit.

Empfohlene Mengen und Bedarf

Der Hund verfügt über eine ausgezeichnete Fähigkeit zur Fettverdauung. Anteile von 20 bis 40 % Fett in der Ration (bezogen auf die Trockensubstanz) werden problemlos toleriert bzw. verdaut. Trotzdem kann es bei Überfütterung aufgrund seines hohen Energiegehaltes zu Überfettung kommen. Ein Mangel an Nahrungsfett hingegen, insbesondere an essenziellen FS, kann erhebliche gesundheitliche Beeinträchtigung zur Folge haben. Eine verminderte Wundheilung, ein sprödes, trockenes und schuppiges Haarkleid, Haarverlust und die Neigung zu Hautinfektionen, Flüssigkeitsansammlungen und eine herabgesetzte Fortpflanzungsfähigkeit, um nur einige zu nennen, können die Folge sein.

Die Menge richtet sich nach den Energiebedürfnissen des Individuums. Bei einem erhöhten Energieumsatz (z. B. Bewegung, Krankheit) besteht ein entsprechend höherer Bedarf.

Mineralstoffe

Sie gehören neben Wasser, Vitaminen, und Antioxidantien zu den nicht Energie erzeugenden Nährstoffen, sind aber trotzdem lebensnotwendig.

Als Mineralstoffe bezeichnen wir anorganische, in der Nahrung enthaltene Elemente. Makromineralstoffe werden in der Nahrung in größeren, Mikromineralstoffe hingegen in kleineren Mengen benötigt. Insgesamt wird davon ausgegangen, dass Säugetiere 18 Mineralstoffe benötigen, davon 7 Makro- und 11 Mikromineralstoffe (siehe Kasten).

Ausgewogenheit

Im Körper herrschen zwischen den Mineralstoffen vielseitige Wechselwirkungen. Diese können antagonistischer

---

Mineralstoffe

Makromineralstoffe

Kalzium	Kalium
Phosphor	Magnesium
Natrium	Schwefel
Chlorid	

(Schwefel wird über die Nahrung in Form von schwefelhaltigen AS aufgenommen, daher besteht für dieses Element kein allgemeiner Bedarf.)

Mikromineralstoffe

Eisen	Fluor
Zink	Kobalt
Kupfer	Molybdän
Selen	Bor
Jod	Mangan
Chrom	

Natur sein (im Sinne einer gegenseitigen Hemmung bei der Wirkung oder Aufnahme) oder synergetischer (im Sinne einer gegenseitigen Potenzierung, Ergänzung oder Ersatz).

Die meisten Wechselwirkungen sind eher antagonistischer Natur. Dieser Effekt kann schon in der Nahrung während ihrer Verarbeitung eintreten, innerhalb des Verdauungstraktes, während ihres Transportes oder auch erst vor Ort, d.h. im Gewebe bzw. während der Ausscheidung. Daher ist ein bestimmtes Gleichgewicht bzw. eine Ausgewogenheit an Mineralstoffen in der Nahrung erforderlich.

Mineralstoffaufnahme

Eine Vielzahl von Faktoren entscheidet, wie gut ein Mineralstoff vom Körper aufgenommen wird. Einige dieser Faktoren sind die chemische Form, in der der Mineralstoff vorliegt, die Mengen und Verhältnisse, in denen Nahrungsbestandteile vorliegen, die eine Auswirkung auf den entsprechenden Mineralstoff haben, sowie Alter und Geschlecht des Hundes und bestimmte Umweltfaktoren. Auch der Rohfasergehalt der Nahrung ist ein entscheidender Faktor. Beim Hund spielen Mangelsituationen eine eher untergeordnete Rolle. Häufiger hingegen sind insbesondere bei den Mengenelementen Überversorgungssituationen. So kommt es bei einer Überversorgung teils zu schweren Skelettschäden und sekundärem Zinkmangel.

Bestimmte Lebenssituationen (tragende oder laktierende Hündinnen, Gebrauchs- und Sporthunde) haben einen über den Erhaltungsbedarf eines normalen, ausgewachsenen Hundes hinausgehenden Mineralstoffbedarf. Der entsprechende Mehrbedarf kann in diesen Fällen durch die Steigerung der täglichen Gesamtfuttermenge erzielt werden, oder durch eine an den notwendig höheren Energiegehalt des Futters angepasste Mineralstoffergänzung.

Mineralstoffe im Überblick

Kalzium und Phosphor Diese beiden Elemente sind besonders für den Aufbau und die Stabilität von Skelett (Kalzium) und Weichgeweben (Phosphor) verantwortlich.

Da Kalzium neben der Blutgerinnung und der Reizleitung in den Nervengeweben unter anderem entscheidend an Muskelkontraktionen einschließlich der des Herzmuskels beteiligt ist, muss der

Kalziumüberschuss bei Welpen

Kalziumüberschuss führt besonders bei Welpen großer Rassen und Riesenrassen zu erheblichen Problemen beim Aufbau des Skelettapparates. Knochen- und Gelenkerkrankungen wie beispielsweise OCD (Osteochondrosis dissecans) sowie Wachstumsschäden und Deformationen an den langen Röhrenknochen können die Folge sein.

Besonders für Hunde im Wachstum ist eine ausgewogene Ernährung wichtig.

Kalziumspiegel im Blut unbedingt auf einem konstanten Level gehalten werden. Bei Schwankungen des Blutkalziumspiegels reagiert der Körper sofort, indem Kalzium aus den Knochen mobilisiert und freigesetzt wird. Fast ebenso wichtig ist das Verhältnis von Kalzium zu Phosphor. Für ein optimales Wachstum sollte dieses Verhältnis 1:1 betragen. Eine Veränderung in diesem Verhältnis kann Skelettmissbildungen zur Folge haben. Wird Nahrung mit einem zu hohen Phosphorgehalt, z.B. Fleisch und Innereien, gefüttert, kann es zu einer Hemmung der Kalziumaufnahme und somit zu Kalziummangel kommen. Auch bei laktierenden Hündinnen kann dies geschehen, da sie Kalzium über die Milch abgeben.

Bedarf (siehe Tabelle S. 42): 80 mg Kalzium und 60 mg Phosphor pro kg Körpergewicht decken den Tagesbedarf eines ausgewachsenen Hundes. In der Nahrung gesunder, ausgewachsener Hunde sollte das Verhältnis Kalzium/Phosphor grundsätzlich bei 1,3 : 1 liegen, damit es nicht zu einem Ungleichgewicht kommt. Ein Überschuss eines oder beider Elemente kann ebenso wie ein Mangel zu schwerwiegenden gesundheitlichen Schäden führen.

Natrium, Kalium und Chlorid garantieren die Aufrechterhaltung des Säure-Basen-Gleichgewichtes im Körper, des osmotischen Gleichgewichts, die Übertragung der Nervenimpulse und wirken an der Muskelkontraktion und deren Übertragung mit. Zu einem Ungleichgewicht kann es u. a. kommen durch:
– Durchfälle und Erbrechen,
– Fieber,
– Ursachen für Dehydrierung (Flüssigkeitsverlust) wie z.B. Verbrennungen, mangelnde Flüssigkeitsaufnahme,
– chronische Herz- und Nierenerkrankungen,
– chronische Erkrankungen der Nebennieren, der Hirnanhangdrüse, der Schilddrüse oder der Nebenschilddrüse, bei denen es zu einem Hormonmangel oder zu einer Hormonüberproduktion kommt,

– Medikamente, die einen Einfluss auf den Flüssigkeitshaushalt des Körpers haben, wie z. B. Diuretika (entwässernde Substanzen).

Anzeichen für einen Mangel, beispielsweise durch erhebliche Flüssigkeitsverluste, können Muskelzittern, Appetitlosigkeit, ein reduziertes Wachstum oder die Unfähigkeit, den Wasserhaushalt zu steuern, sein.

Magnesium ist in der Knochensubstanz, Enzymen und intrazellulären Flüssigkeiten enthalten und spielt eine wichtige Rolle bei der neuromuskulären Erregungsübertragung. Im Falle eines Magnesiummangels kann es daher zu Störungen des Wachstums, einer Hyperirritabilität (Übererregbarkeit), Appetitlosigkeit, Störung der Muskelkoordination oder Krämpfen kommen. Kommerzielle Futter enthalten generell eher zu viel als zu wenig Magnesium. Daher sind Mangelzustände die Ausnahme.

Eisen Die für Sauerstofftransport im Blut (Hämoglobin) sowie im Muskel (Myoglobin) zuständigen Pigmente enthalten Eisen als wichtigen Bestandteil.
Ein Mangel kann durch Blutverlust, Eisenverlust oder bei längerer Fütterung mit Milch (niedriger Eisengehalt) auftreten. Blutarmut (Anämie) und Ermüdung sind die Folge.

Zink Als Bestandteil und/oder Aktivator von über 200 verschiedenen Enzymen im Körper, spielt Zink bei einer Vielzahl von Reaktionen eine entscheidende Rolle. Nahrungsmittel mit einem zu hohen Kalziumgehalt behindern die Aufnahme von Zink, so dass es zu einem entsprechenden Mangel kommen kann. Auch ältere Hunde haben einen erhöhten Zinkbedarf, aufgrund einer herabgesetzten Aufnahme im Körper. Anzeichen für einen Zinkmangel sind teilweise äußerlich sichtbar: trockenes, schuppiges Fell, Haarverlust, Pigmentverlust der Haare und eine übermäßige Verhornung der

Arktische Rassen neigen zu Zinkmangel.

oberen Hautschichten können ebenso auftreten wie Appetitlosigkeit und eine erhöhte Krankheitsanfälligkeit durch eine Beeinträchtigung des körpereigenen Immunsystems.
Einige arktische Rassen (Alaskan Malamute, Sibirien Husky) neigen auch bei normalem Zinkgehalt in der Nahrung zu einem Zinkmangel.

Kupfer spielt bei der Blutbildung und für die Pigmentierung von Haut und Haaren eine wichtige Rolle. Ein Kupfermangel kann durch zu hohe Zink- und Eisenspiegel entstehen. Bestimmte Rassen (z.B. Bedlington Terrier) können Kupfer nur in ungenügendem Maße ausscheiden, was zu einer Kupfertoxizität (-giftigkeit) führt. Zudem kann es beim Bedlington Terrier und beim West Highland White Terrier zu einer Zerstörung von Lebergewebe durch eine übermäßige Kupfereinlagerung kommen.

Selen ist ein Bestandteil des natürlich vorkommenden und in allen Körperzellen präsenten Antioxidans Gluttathionperoxydase. Eine wichtige Funktion besteht darin, Vitamin E zu schützen, zu potenzieren und für dessen ungestörte Aufnahme zu sorgen. Ein Selenmangel und eine Selentoxizität wurden unter natürlichen Bedingungen beim Hund jedoch nicht festgestellt.

Vitamine

Vitamine sind in Kleinstmengen essenziell, d.h., der Körper ist nur zum Teil und in ungenügendem Maße in der Lage, sie selbst herzustellen. Ihre Abwesenheit führt zu einem jeweiligen Mangelsyndrom. Wir unterscheiden zwischen fettlöslichen, wasserlöslichen Vitaminen und einigen vitaminähnlichen Substanzen.
Fettlösliche Vitamine sind A, D, E und K, die vom Körper nur in Gegenwart von Fett aufgenommen und in fettreichen Geweben gespeichert werden.
Wasserlösliche Vitamine B1 (Thiamin), B2 (Riboflavin), Niacin, B6 (Piridoxin), Panthothensäure, Folsäure, B12 (Cobalamin), H (Biotin), Cholin und Vitamin C werden nur in geringem Maße vom Körper gespeichert und bei einem Überschuss aufgrund ihrer Wasserlöslichkeit ausgeschieden.
Vitaminähnliche Substanzen (L-Carnithin, Carotinoide und Flavonoide)

Der Bedarf an Vitaminen variiert je nach Lebensphase. Zwischen den einzelnen Vitaminen herrschen komplexe Wechselwirkungen innerhalb des Organismus, ähnlich wie bei den Mineralstoffen. So können sie eine gegenseitige Potenzierung, Ergänzung, Hemmung oder Beeinträchtigung sowie gegenseitigen Schutz bewirken.

Aufnahme von Vitaminen

Vitamine gelangen auf unterschiedlichen Wegen (Absorption) in den Körper. So bedarf es für die Absorption der fettlöslichen Vitamine der Wirkung von Gallensalzen und der Präsenz von Fett. Einmal passiv absorbiert, gelangen sie über das Lymphatische System in die Leber. Da sie in fettreichem Gewebe gespeichert werden, besteht bei ihnen eher die potenzielle Gefahr einer Überdosierung und Toxizität. Die wasserlöslichen Vitamine werden hingegen aktiv im Darm aufgenommen. Da sie aufgrund ihrer Wasserlöslichkeit leicht über den Urin ausgeschieden werden, muss über die Nahrung ein kontinuierlicher Nachschub erfolgen. Hunde im Wachstum und in der Reproduktion haben einen erhöhten Vitaminbedarf.

Vitamine im Überblick

Vitamin A (auch Retinol) wird vom Körper für ein normales Sehvermögen, ein gesundes Haarkleid, eine gesunde Haut, Schleimhäute sowie für gesunde Zähne benötigt. Fast weltweit wird es der Tiernahrung zugesetzt.

Hunde sind im Gegensatz zu Katzen in der Lage, Vitamin A aus Karotinoiden (insbesondere ß-Carotin) selbst herzustellen. Sowohl Mangelerscheinungen als auch Toxizitätszeichen durch eine Überdosierung sind beim Hund extrem selten.

Besonders reich an Vitamin A sind Fischöle, Leber, Eier und Milchprodukte. Karotinoide finden sich hingegen besonders in gelbem und grünem Gemüse und pigmentierten Früchten.

Vitamin D spielt bei der Aufrechterhaltung der Kalzium-Phosphor-Homöostase eine Rolle. Dabei geht es um die Kontrolle der Aufnahme und der Mobilisierung innerhalb des Organismus. Bei einem Mangel an Vitamin D in der Nahrung (wie bei einem Mangel an Phosphor) kann es zu Rachitis kommen, einer Krankheit, die vor allem bei heranwachsenden Hunden auftritt. Biegsame, schlecht verkalkte Knochen und geschwollene Gelenke sind die Folgen. Bei erwachsenen Tieren kann es zu Osteoporose (dünne, spröde Knochen), Osteomalazie (Knochenerweichungen) und verdickten Verbindungsstellen der Rippenknorpel kommen.

Eine Überdosierung von Vitamin D kann zu einer Hyperkalzämie führen. Der Bedarf ist abhängig von der in der Nahrung enthaltenen Kalzium- und Phosphormenge. Die reichsten natürlichen Quellen sind Fischöle sowie Meeresfisch.

Vitamin E kann in verschiedenen Formen vorliegen, von denen Alpha-Tocopherol die aktivste darstellt. Alpha-Tocopherol wirkt als starkes Antioxidans (siehe S. 33). Ein Mangel an Vitamin E führt zu einer Störung und Instabilität der Zellmembranen und wichtiger intrazellulärer Prozesse. Die Folgen können Störungen des Immunsystems, der Fruchtbarkeit und Degeneration der Skelettmuskulatur sein. Der Sicherheitsspielraum ist im Fall von Vitamin E verglichen mit den Vitaminen A und D erheblich größer, da es zu den am wenigsten toxischen Vitaminen gehört. Da Vitamin E nur von Pflanzen produziert wird, stellen vor allem pflanzliche Öle eine reiche Quelle dar. In etwas geringerer Konzentration findet sich Vitamin E in Samen und Getreidekörnern. Grüne Blätter enthalten hohe Konzentrationen an Tocopherol.

Vitamin K (Koagulation = (Blut) Gerinnung) spielt bei der Bildung verschiedener für die Blutgerinnung verantwortlicher Faktoren eine wichtige Rolle. Es wird von Darmbakterien produziert. Ein Mangel an Vitamin K kann daher aufgrund von Erkrankungen entstehen, die zu einer Beeinträchtigung der Absorptionsprozesse im Darm führen, sowie durch Medikamente oder besser Substanzen (wie das im Rattengift enthaltene Cumarin), die die Blutgerinnung beeinträchtigen. Auch die medikamentöse Zerstörung der gesunden Darmflora durch Sulfonamide oder andere Antibiotika mit breitem antibakteriellem

Spektrum kann zu einem Vitamin-K-Mangel führen. Da ein geringer Bedarf an Vitamin K besteht, wird dieser durch die meisten Futter bereits in ausreichendem Maße gedeckt. Leber, Fischmehl, Ölsaatenschrot und Alfalfamehl enthalten hohe Mengen.

Gemüse ist optimaler Lieferant von Faserstoffen, Mineralstoffen und Vitaminen.

Der Vitamin-B-Komplex erfüllt mit seinen einzelnen Komponenten bedeutende Funktionen als Bestandteile von Enzymen sowie als Co-Faktoren bei wichtigen Stoffwechselprozessen. Aufgrund ihrer leichten Ausscheidung über den Urin gelten sie als relativ untoxisch. Mängel können nach Fütterung von größeren Mengen rohen Ei-Eiweißes (Eiklar) auftreten. Letzteres enthält ein Antivitamin-H, das Avidin, das das Vitamin Biotin inaktiviert. Ein Biotinmangel kann auch durch Langzeitbehandlungen mit Antibiotika entstehen.

Auch Vitamin B1 (Thiamin) kann durch ein in rohem Fisch enthaltenen Antivitamin (Thiaminase) zerstört werden, was einen entsprechenden Mangel verursacht. Anzeichen sind verringerter Appetit, Wachstumsversagen, Muskelschwäche, neurologische Störungen und Schwierigkeiten bei der Bewegungskoordination.

Vitamin C stellt ein weiteres wichtiges biologisches Antioxidans dar. Da es im Körper aus Glukose (Einfachzucker) hergestellt werden kann, ist es nicht im wissenschaftlichen Sinne essenziell. Eine besondere Bedeutung wird diesem Vitamin mittlerweile bei der Vorbeugung verschiedener Erkrankungen beigemessen. Diese Wirkung ist auf den Schutz vor freien Radikalen, die stimulierende Wirkung auf Immunzellen (Leukozyten) sowie auf seinen regenerierenden Effekt auf Vitamin E (das somit in größerer Menge zur Verfügung steht) zurückzuführen. Zusätzlich ist Vitamin C in der Lage, die Rekonvaleszenz nach physischer Belastung zu unterstützen. Früchte, Gemüse sowie Innereien enthalten hohe Dosen an Vitamin C. Der Gehalt nimmt durch Lagerung und Verarbeitung stetig ab.

Nährstoffe im Überblick 33

L-Carnithin unterstützt die Umwandlung von Fett in Energie, indem es FS in die Innenmembran der Zellorganellen (Mitochondrien) transportiert, die die Energiekraftwerke der Zellen darstellen. Mit zunehmendem Alter verlieren die Mitochondrien an Leistungsfähigkeit und es werden mehr freie Radikale produziert. L-Carnithin wirkt beidem entgegen. Herz- und Skelettmuskel bilden einen wichtigen Speicher für L-Carnithin.

Carotinoide gehören zu den vitaminähnlichen Substanzen. Zu ihnen zählen über 600 verschiedene Zusammensetzungen, von denen jedoch weniger als 10 % im Organismus zu Vitamin A umgebaut werden. Sie sind vor allem in Orangen und grünem Gemüse enthalten und besitzen eine antioxidative Wirkung.

Flavonoide sind ebenfalls natürliche Pigmente (rot, blau und gelb) mit vitaminähnlicher Aktivität. Schalen und Haut von farbigem Obst und Gemüse enthalten hohe Mengen an Flavonoiden. Auch diese Substanzen schonen Vitamin C und wirken als Antioxidantien.

Antioxidantien

Dies sind Enzyme und andere Moleküle, die der schädlichen Wirkung (in der Nahrung und im Gewebe) von Sauerstoffderivaten entgegenwirken können.

Sauerstoff ist zwar lebensnotwendig, aber ebenfalls extrem toxisch. Der Körper benötigt also effektive Abwehrmechanismen, um sich vor den sogenannten freien Radikalen zu schützen. Diese bilden sich durch Oxidation bestimmter Substanzen. Die Folgen können vorzeitiges Altern, Tumor- und Herzerkrankungen sein. Da während entzündlicher Prozesse und chronischer Erkrankungen freie Radikale entstehen, kann eine entsprechende Nahrungsergänzung sowohl vorbeugen, als auch therapeutische Wirkung zeigen. Es gibt zwei Arten von Antioxidantien:

1. Jene, welche das Ranzigwerden von Nahrungsfett verhindern (z. B. Zitronenöl, Rosmarinöl) und

2. die sogenannten biologisch aktiven Antioxidantien, die schädliche freie Radikale im lebenden Gewebe inaktivieren. Hierzu gehören die Vitamine E und C, Carotinoide wie ß-Carotin, Flavonoide, Selen oder Glutathion, Alpha-Liponsäure und Phenolsäure.

Antioxidantien
Studien haben gezeigt, dass es von vorteilhafter Wirkung sein kann, der Tiernahrung einen Cocktail von Antioxidantien zuzugeben. Dieser besteht pro kg Futter aus 600 mg Vitamin E, 70 mg Vitamin C, 1,5 mg Beta-Carotin und 0,5 mg Selen.

Fütterungspraxis

Energiebedarf des Hundes

Alle Lebewesen benötigen Energie zur Aufrechterhaltung der Körperfunktionen. Die Energieaufnahme bedarf einer sorgfältigen Kontrolle, damit weder zu viel noch zu wenig Energie aufgenommen wird.

Bei einer zu großen Energieaufnahme kann es zu Übergewicht und Wachstumsabnormalitäten kommen, im Fall einer ungenügenden Energiezufuhr hingegen zu Gewichtsverlust und einem verringerten Körperwachstum. Der Energiegehalt eines Futtermittels ist daher äußerst wichtig. Minderwertige Futtermittel mit einem zu niedrigen Energiegehalt können besonders bei Hunden mit einem erhöhten Energiebedarf gravierende Folgen haben. Wichtig ist ferner, dass Ausgewogenheit in der Nahrung besteht: Ist der Energiebedarf des Körpers gedeckt, sollte mit der Futterration auch der Bedarf an allen weiteren Nährstoffen gedeckt sein.
Der Energiebedarf ist abhängig von vielen Faktoren wie Aktivität, Umwelt, Alter, Geschlecht, Rasse, Reproduktion, Gesundheit usw.

Von der Brutto- zur Nettoenergie

Die in der Nahrung enthaltene Gesamtenergie wird als Bruttoenergie bezeichnet. Tiere und Menschen können diese nicht komplett nutzen, da ein Teil der Energie als Wärme oder durch Ausscheidung über Kot und Urin verloren gehen. Die bleibende Nettoenergie steht dem Organismus für Aktivität, Wachstum, Laktation sowie der Erhaltung der Lebensfunktionen zur Verfügung.

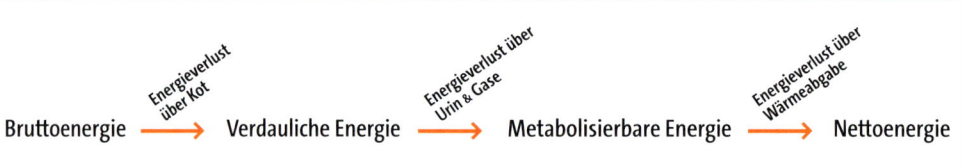

Die metabolisierbare Energie wird auch als „umsetzbare Energie" bezeichnet. In der Praxis liegt sie ca. 5 bis 10 % tiefer als die verdauliche Energie.

Maßeinheit

Energie wird in Form von Kalorien oder Joule gemessen. Eine Kalorie bezeichnet die Wärme, die nötig ist, um 1 g Wasser von 14,5 auf 15,5 °C zu erwärmen.

Nährstoff	Bruttoenergie kcal/g	Metabolisier-bare Energie kcal/g
Protein	5,6	3,5
Fett	9,4	8,7
Kohlenhydrate	4,2	3,5

Verfügbare Energie

Die für uns bei der Betrachtung und Analyse eines Futtermittels relevante Größe ist die metabolisierbare (= verfüg-bare) Energie. Ihre Menge hängt direkt von der Verdaulichkeit der Nahrung ab. Je höher die Verdaulichkeit, umso weni-ger Energie geht über den Kot verloren und umso mehr beträgt der Gehalt an

metabolisierbarer Energie, die tatsäch-lich dem Organismus zugänglich wird. Ein Futtermittel von geringer Verdau-lichkeit (und Qualität) kann beispiels-weise einen hohen Gesamtenergiegehalt (Bruttoenergie) aufweisen, aber nur eine geringe Menge an metabolisierbarer En-ergie, da ein Großteil der enthaltenen Energie unverdaut über den Kot ausge-schieden wird!

Metabolisierbare Energie

Die Hersteller von Futtermitteln verwen-den teilweise komplexe Formeln zur Be-rechnung des Energiebedarfs und der Fütterungsmengen. Diese bilden nur Richtlinien, denn der tatsächliche Ener-gie- (und somit Fütterungs-)bedarf hängt

Umrechnung

Da Energie heute offiziell in J (Joule) bzw. KJ (Kilojoule) und MJ (Megajoule) angegeben wird, häufig aber noch kcal auf den Packungen zu lesen ist, begegnen Ihnen im Laufe dieses Buches beide Einheiten. Die Umrechnung erfolgt folgendermaßen:
KJ = kcal x 4,1868
kcal = KJ x 0,2388

Fit und aktiv – Voraussetzung ist eine angemessene Energiezufuhr.

letztendlich von einer Vielzahl an individuellen Faktoren (Aktivität, Alter, Rasse, Reproduktionsstatus usw.) ab und sollte unter regelmäßiger Kontrolle des Körpergewichts sowie der anderen Faktoren individuell berechnet werden.

Nährstoffgehalt in 100 g Futter

Die Futtermittelhersteller sind gesetzlich verpflichtet, bestimmte Informationen bezüglich der in einem Futter enthaltenen Nährstoffe zu geben. Aus der Durchschnittsanalyse muss hervorgehen, wie viel von jedem Nährstoff in 100 g des Futters enthalten ist. Diese enthält den Gehalt an Wasser, Protein, Fett, Asche sowie Rohfaser, während der Gehalt an verdaulichen Kohlenhydraten nicht angegeben werden muss. Er kann jedoch einfach errechnet werden, indem

man die Prozentsätze der anderen Komponenten addiert und die Summe von 100 % abzieht. Wird kein Wasser erwähnt, können Sie von ca. 10 % ausgehen.

Der Energiegehalt jeder Komponente kann einfach berechnet werden, indem man die enthaltene Menge (in %) mit dem Wert der metabolisierbaren Energie des Nährstoffes (kcal/ME/g Nährstoff) multipliziert.
Beispiel: Enthält ein Futter 25 % Proteine, so wird der Wert 25 (100 g des Futters enthalten 25 g Protein) multipliziert mit 3,5 (siehe Tabelle „Energiegehalt von Nährstoffen"). Das Ergebnis ist 87,5, was bedeutet, dass in 100 g des Futters 87,5 kcal an metabolisierbarer Energie in Form von Eiweiß enthalten sind.

Berechnung des Energiebedarfs

Um die tägliche Futtermenge eines Hundes zu errechnen, ist es wichtig, den Energiebedarf zu kennen. Hierfür werden zwei Größen herangezogen:

RER = Resting Energy Requirement
DER = Daily Energy Requirement

Beide werden in kcal pro Tag gemessen. Der RER bezeichnet den Energiebedarf eines normalen Tieres im Ruhezustand, in einer thermoneutralen Umgebung. Hineingerechnet wird diejenige Energiemenge, die auf die Erholung nach physischer Aktivität und Futteraufnahme aufgewendet werden muss.

Der tägliche Energiebedarf (DER) hingegen bezeichnet den durchschnittlichen

Aktive Hunde benötigen mehr Energie.

Energiebedürfniss

Die Kastration macht nicht dick, sondern das Nicht-Anpassen der Futtermenge an den veränderten Energiebedarf!

Diverse Erkrankungen führen ebenfalls zu teils erheblichen Veränderungen der individuellen Energiebedürfnisse. Ein apathischer Hund, der sich wenig bewegt und warme Umgebungen aufsucht, hat meist einen verringerten RER. Im Fall von Traumata oder nach Operationen steigt der DER.

Energieverbrauch eines Tieres in Abhängigkeit von Lebensphase und Aktivität. Dazu gehört die für körperliche und geistige Leistung, Laktation, Trächtigkeit oder Wachstum aufgewendete Energie.

Der tatsächliche Energiebedarf

Die tatsächlich täglich benötigte Energiemenge sollte eher ins Verhältnis zur Körperoberfläche, als zum Körpergewicht gesetzt werden (sie berechnet sich also nicht aus dem Körpergewicht in kg, sondern bezieht sich auf das „Stoffwechsel"- bzw. „metabolische Gewicht", das man errechnet, indem man das Körpergewicht in kg zur Dreiviertelpotenz erhebt). Diese Tatsache resultiert daraus, dass kleinere Tiere eine relativ zum Körpergewicht größere Oberfläche haben und somit einen höheren Wärmeverlust. Hieraus ergibt sich rechnerisch ein höherer RER.

Lebenssituation	DER
Unkastriertes, erwachsenes Tier	1,6 * RER
Kastriertes erwachsenes Tier	1,4 * RER
Neigung zu Adipositas (Fettleibigkeit)	1,4 * RER
Älterer Hund	1,4 * RER
Trächtige Hündin Woche 1 bis 4: Woche 5 bis 6: Woche 7 bis 9:	 2,0 * RER 2,5 * RER 3,0 * RER
Laktierende Hündin	4 bis 8 * RER
Hunde im Wachstum < 4 Monate: 4 bis 9 Monate: 10 bis 12 Monate:	 3,0 * RER 2,5 * RER 2,0 * RER

Praktisch gilt:

RER = 30 * (Körpergewicht in kg) + 70

DER = RER * Faktor X

Faktor X variiert (siehe Tabelle, oben). Für einen 10 kg schweren, unkastrierten, ausgewachsenen, gesunden Hund ergeben sich rechnerisch:

30 * 10 = 300 + 70 = 370 * 1,6 = 592 kcal / Tag.

Die angeführten Werte stellen immer nur Richtwerte dar, denn innerhalb einer jeden Kategorie sind individuelle, teils erhebliche Unterschiede in den Erfordernissen möglich. Die tatsächliche, tägliche Futtermenge sollte daher nicht strikt „nach Tabelle" berechnet werden, jedenfalls nicht ausschließlich.

Ein anderer Ansatz zur Berechnung des täglichen Energiebedarfes geht von 0,45 bis 0,55 MJ (1 MJ = 1000 KJ) verdaulicher Energie pro kg Stoffwechselgewicht aus. Der im Futter benötigte Eiweißgehalt wird mit 10 g Rohprotein bzw. verdaulichem Rohprotein auf 1 MJ Bruttoenergie bzw. verdaulicher Energie angegeben.

Selbst zubereitete Nahrung

Bei der Zusammenstellung eigener Futterrationen ist es besonders wichtig, nicht nur den Energie- und den Eiweißbedarf zu kennen, sondern die täglich notwendigen Mengen weiterer 25 Nährstoffe, ohne die eine ausgewogene Ernährung nicht möglich sind (S. 76).

Berechnung des Nährstoffbedarfs

Da die Energiedichte hausgemachter Rationen je nach Fettgehalt (von den Einzelzutaten abhängig) erheblich variiert und nur schwer ermittelbar ist, sollte man das Gewicht des Hundes in regelmäßigen Abständen kontrollieren.

Proteinbedarf

Energie- und Proteinbedarf verlaufen parallel zueinander. Der Proteinbedarf wird auf der Basis der täglich aufgenommenen Futtermenge und in diesem Fall nicht auf Basis der Trockensubstanz ermittelt. Er wird angegeben und ermittelt in g Rohprotein pro kg Körpergewicht. So benötigt ein gesunder, junger adulter Hund 6 g Rohprotein pro kg KGW pro Tag. Da Energie- und Proteinbedarf auf ähnliche Weise berechnet werden, kann auch das Verhältnis von Protein zu Energie für die Berechnung genutzt werden (10 g Rohprotein bzw. verdauliches Rohprotein pro MJ Bruttoenergie bzw. verdauliche Energie, siehe S. 37).

Getreideproteine weisen kein optimales AS-Profil auf. Sie enthalten wenig Tryptophan, Lysin und Methionin. Aus diesem Grund sollten stets tierische mit pflanzlichen Proteinen kombiniert werden, um eine Ausgewogenheit zu erzielen. Tierisches Protein erfüllt auf ideale Weise die Bedürfnisse an essenziellen AS und sollte im Futter gesunder ausgewachsener Hunde ca. 30 bis 40 % aus-

Energiebedarf in Abhängigkeit vom Körpergewicht.

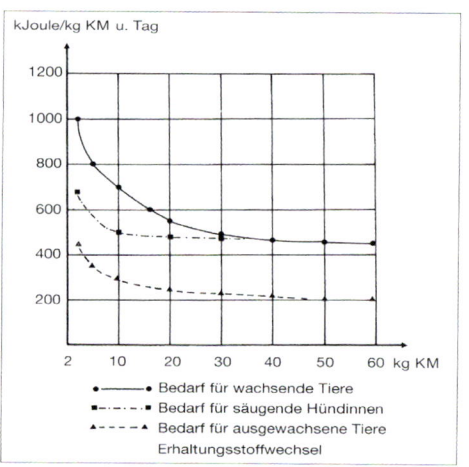

Proteinbedarf

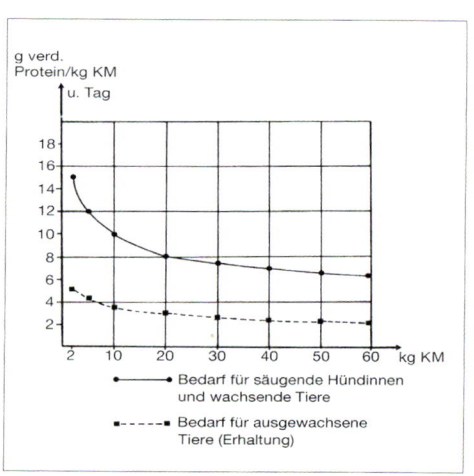

Quelle: Suter, P. F.; B. Kohn; H. G. Niemand: Praktikum der Hundeklinik.

So verschieden die Hunde, so unterschiedlich der Nährstoffbedarf.

machen. Für Futter zur Deckung des Erhaltungsbedarfes ausgewachsener Hunde sollte das Verhältnis von tierischem zu pflanzlichem Protein idealerweise zwischen 1:1 und 3:1 liegen. Das AS-Profil kann durch Zugabe von Ei-Eiweiß oder Leber verbessert werden.

Fettbedarf

Die Fettquelle sollte generell zwischen 5 und 15 % der Gesamtkalorienmenge liefern. Hierfür ist der individuelle Kalorienbedarf des Hundes zu berücksichtigen. Achten Sie auch auf den Gehalt an mehrfach ungesättigten (essenziellen) Fettsäuren. Pflanzliche Öle wie etwa Mais- oder Sojaöl sind besonders reich an Linolsäure. Eine zusätzliche Quelle an Omega-3-Fettsäuren bieten fettreiche Fischsorten wie Lachs oder Thunfisch, die gegen einen Teil des mageren Muskelfleisches ausgetauscht werden können. Kohlenhydrate liefern die restliche benötigte Energie.

Nährstoffverhältniss

Nach der Berechnung der nötigen Energiedichte des Futters erfolgt die Festlegung des korrekten Verhältnisses von Nährstoffen zu Energie. Zu diesem Zweck wird jedes Gramm Protein und jedes Gramm Kohlenhydrat mit 3,5 kcal (14,64 KJ), jedes Gramm Fett mit 8,5 kcal (35,56 KJ) multipliziert.

Nun ist es sinnvoll, die Nährstoffgehalte in % der Trockensubstanz und das Verhältnis von Nährstoffen zu Energie zu überprüfen. Besondere Lebenssituationen können hier gegebenenfalls Berücksichtigung finden. Im Fall eines übergewichtigen Hundes kann ein Teil Muskelfleisch als Eiweißquelle durch Bohnen als pflanzlicher Eiweißträger ersetzt werden, der einen vergleichsweise höheren Gehalt an Rohfaser bei einem niedrigeren Fettgehalt aufweist. Die Zusammensetzung einer Ration sollte also durchaus flexibel sein.

Empfehlungen für den täglichen Erhaltungsbedarf an Mineralstoffen, Spurenelementen und Vitaminen

(modifiziert nach Meyer & Zentek, 2005)

pro kg Körpermasse und Tag		Ausgewachsene Hunde	Wachsende Hunde (5.–6. Monat)
Kalzium	mg	80	240 – 305
Phosphor	mg	60	130 – 160
Kalium	mg	55	65
Natrium	mg	50	60
Magnesium	mg	12	17
Eisen	mg	1,4	3,0 – 3,7
Kupfer	mg	0,1	0,2 – 0,3
Mangan	mg	0,07	0,07 – 0,08
Zink	mg	1,0	3,9 – 5,1
Linolsäure		ca. 1 % des Kalorienbedarfs	
Jod	µg	15	50
Vitamin A	IE	75 – 100	250
Vitamin D	IE	10	20
Vitamin E	mg	1	2
Thiamin	µg	40	60
Riboflavin	µg	90	500
Vitamin B6	µg	25	70
Pantothensäure	µg	250	680
Nikotinsäure	µg	250	680
Vitamin B12	µg	0,58	1,6

Quelle: Suter, P. F.; B. Kohn; H. G. Niemand: Praktikum der Hundeklinik.

Mineralstoffe und Vitamine

Alle hausgemachten Futterrationen bedürfen einer Ergänzung an Vitaminen und Mineralstoffen.

Fertige Mineralvormischungen können meist nicht den Kalziummangel ausgleichen, der in den meisten selbst zubereiteten Rationen herrscht. Daher sollte gegebenenfalls auf eine Kalziumquelle wie Kalziumzitrat, Kalziumkarbonat, Algenkalk oder eine Kalzium- und Phosphatquelle (Dikalziumphosphat) in Kombination mit Spurenelementen und Vitaminen zurückgegriffen werden.

Leber ist reich an Spurenelementen sowie Vitamin A; Leber, Nieren und Eigelb enthalten viel Eisen. Geringe Mengen Hefe liefern B-Vitamine, Lysin und weitere essenzielle Aminosäuren.

Zur Komplettierung hausgemachter Futterrationen eignen sich Präparate in Pulverform (leicht zu dosieren und unter das Futter zu mischen) am besten.

Für die genaue Berechnung der Zutaten einer Ration existieren verschiedene Computerprogramme (siehe S. 77). Sollen ausschließlich oder hauptsächlich selbst zubereitete Futter zum Einsatz kommen, fragen Sie Ihren Tierarzt.

Wann, wie und wie oft wird gefüttert?

Futter sollte generell die Energie- und Nährstoffbedürfnisse des Hundes erfüllen, also in der Zusammensetzung ausgewogen sein. Wichtig ist aber auch, dass es vom Hund gerne angenommen und zügig gefressen wird.

Tipps zur Fütterung
Der richtige Napf

Fressnäpfe sollten beißfest, leicht zu reinigen, von ausreichender Größe und schwer (stabil) sein. Die ideale Größe variiert je nachdem, ob Trocken- oder Feuchtfutter (der Napf muss die fünffache Größe haben) gefüttert wird. Plastiknäpfe sind häufig zu leicht, so dass der Hund sie bei der Futteraufnahme umherschiebt. Gegebenenfalls können rutschfeste Unterlagen dies verhindern. Eine runde Form ist einer eckigen vorzuziehen, da der Hund den Napf einfacher leeren und der Halter ihn besser reinigen kann. Futterständer sind ideal für große Hunde, da sie daran aufrecht stehen können. Zudem haben sie einen sicheren Halt und verrutschen nicht.

Einige Kunststoffe und Metalllegierungen können in seltenen Fällen Hautreaktionen (Kontaktallergien) verursachen. Zudem können besonders Kunststoffnäpfe zerbissen und zerkaut und Teile abgeschluckt werden.

Leben macht durstig! Eine gefüllte Wasser-schüssel sollte immer bereitstehen.

Der Futterplatz

Damit der Hund sich an einen festen Fressplatz gewöhnen kann, sollten die Näpfe stets am gleichen Ort stehen. Auch sollte er während des Fressens nicht gestört werden, damit kein Konkurrenzdruck entsteht und er sein Futter zu hastig herunterwürgt. Leben mehrere Hunde zusammen, muss jedem von ihnen ein separates Fressgeschirr zur Verfügung gestellt werden. Ob die Tiere gleichzeitig gemeinsam gefüttert werden können, hängt von den sozialen Verhältnissen (der Rangordnung) und der Gewöhnung ab.

Wasseraufnahme

Wasser muss stets unbegrenzt zur Verfügung stehen. Die täglich aufgenommene Wassermenge richtet sich beim gesunden Hund nach äußeren Faktoren (Aktivität, Außentemperatur, etc., sowie Art der Fütterung). Sie ist bei der Verabreichung von Trockenfutter erhöht. Grob lässt sich sagen, dass ein gesunder Hund ca. 50 ml Wasser pro kg Körpergewicht und Tag aufnimmt, dies bedeutet beispielsweise 1 Liter Wasser pro Tag für einen 20 kg schweren Hund. Das Trinkwasser sollte auch nachts für den Hund zugänglich sein.

Die Futtermenge

Den Energie- und Nährstoffbedarf (und somit die tägliche Futtermenge) eines Hundes kann man zwar grob kalkulieren, tatsächlich hängt jedoch beides auch von einer Vielzahl kaum oder nur schwer zu errechnender Faktoren ab. Zudem können zeitweise Variationen im Bedarf entstehen, etwa durch zusätzliche Aktivität, höhere oder niedrigere Außentemperaturen.
Selbst die Rasse gilt es zu berücksichtigen. Neufundländer haben einen Energiebedarf, der ca. 15 % unter dem Durchschnitt liegt, während der Energiebedarf von Deutschen Doggen oder Dalmatinern bis zu 16 % über dem Durchschnitt liegen kann.

Kastrierte Hunde benötigen ca. 25 % weniger Kalorien verglichen mit unkastrierten Tieren. Stehen erfordert 40 % mehr Energie als Liegen. Allein dies verdeutlicht eindrucksvoll den unterschiedlichen Energiebedarf je nach Aktivitätsgrad. Alte und generell trägere Hunde benötigen 10 bis 20 % weniger Futter (bezogen auf die tägliche Gesamtmenge) im Vergleich zu einem jungen, aktiven Tier. Aus diesen Gründen können jegliche Fütterungs- und Mengenempfehlungen stets nur grobe Richtwerte enthalten und man kann sagen, dass derjenige Hund die richtige Energie- und Nährstoffmenge (Futtermenge) erhält, der sein Idealgewicht hat und hält.

Nahrungsmittelunverträglichkeit

Boykottiert ein Hund seine Futterration oder frisst lustlos und zögernd, so handelt es sich wahrscheinlich um kein ideales Futtermittel. Von der Qualität generell abgesehen, soll es individuell verträglich sein, keine Störungen der Verdauung wie etwa Blähungen, Durchfall, Verstopfungen oder Erbrechen verursachen.

Der Kot sollte eine normale Konsistenz und Farbe haben. Ein zu häufiger Kotabsatz kann bereits einen Hinweis auf Nahrungsmittelunverträglichkeiten darstellen. Eine Kotabsatzfrequenz von > 3 x pro Tag kann ein Indiz dafür sein. Auch eine schlechte Fellqualität, trockene, schuppige Haut oder Juckreiz können ebenso wie Ohrentzündungen auf eine Nahrungsmittelunverträglichkeit hindeuten (siehe S. 110). Selbstverständlich muss Futter frei von Keimen, Parasiten (bzw. deren Eiern) oder sonstigen Schadstoffen und Giften sein.

Futteraufnahme

Frisst ein Hund sein Futter nicht oder nur teilweise, sollte es beiseite genommen werden. So gewöhnt er sich an eine zügige Futteraufnahme. Besonders Feuchtfutter verdirbt schnell und sollte deshalb niemals länger im Napf bleiben. Verweigert ein Hund einmal seine Nahrung, ist dies noch kein Grund zur Sorge. Ein Tierarzt sollte jedoch konsultiert werden, wenn die Nahrungsverweigerung länger als 2 bis 3 Tage anhält oder der Hund krank erscheint.

Futtertemperatur

Futter sollte stets bei Raumtemperatur angeboten werden. Die Schmackhaftigkeit lässt sich durch Erwärmen auf Körpertemperatur steigern. Auch etwas Pflanzenöl (z.B. Distelöl) kann, übers Trockenfutter gegeben, die Schmackhaftigkeit ebenfalls steigern.

Bieten Sie niemals Futter direkt aus dem Kühlschrank oder gar tiefgefroren an. Sie riskieren sonst eine Schädigung der Schleimhäute im Verdauungstrakt.

Hunde gewöhnen sich schnell an konstante Fütterungszeiten.

Fütterungszeiten

Im Gegensatz zu Katzen, die „Snackfresser" sind, also häufig (10- bis 20-mal) kleine Mengen zu sich nehmen müssen, genügen beim Hund zwei Hauptmahlzeiten, evtl. ergänzt durch ein bis zwei Zwischenmahlzeiten oder das Füttern von Leckerlis als Belohnung. Besonders hartnäckig hält sich die Auffassung, dass ein Hund nur einmal am Tag fressen sollte. Dies gilt als überholt und kann je nach Futter oder Größe des Hundes sogar zu Problemen führen. Viele Hunde, die nur einmal täglich (morgens) gefüttert werden, können aufgrund einer Übersäuerung des Magens über Nacht erbrechen. Oft kann dieses Problem durch Verabreichen einer zusätzlichen Mahlzeit am Abend behoben werden. Der Zeitpunkt der Fütterung(en) sollte regelmäßig und konstant sein, da der Hund sich daran gewöhnt. Eine Ruhephase von 2 bis 3 Stunden nach der Nahrungsaufnahme zur Verdauung ist empfehlenswert!

Wichtig bei der Bestimmung des Fütterungszeitpunktes ist die Berücksichtigung der Verdauungsphase und der Möglichkeit zum Kotabsetzen. Die Hauptmahlzeit kann also morgens (von mir bevorzugt) oder abends angeboten werden. Bestimmte und wichtige Verdauungsmechanismen, wie beispielsweise der Speichelfluss, werden bei wild lebenden Fleischfressern durch Sichtung, Jagen und Schlagen der Beute ausgelöst. Diese können beim Haushund auch durch das Fütterungsritual bzw. den -zeitpunkt in Gang gesetzt werden, was ein weiterer Grund für feste Fütterungszeiten sein kann.

Betteln

Vermeiden Sie allzu große Unregelmäßigkeiten und vor allem das Füttern während der eigenen Mahlzeiten oder das Nachgeben auf Bettelversuche des Hundes. Erfolgserlebnisse führen zu lästigen und schwer wieder abzustellenden Verhaltensweisen!

Fastentage

Ein genereller Fastentag pro Woche zur Darmreinigung ist nicht zwingend erforderlich, außer wenn der Hund sich überfressen oder erbrochen hat. Bei Durchfällen kann es ebenfalls hilfreich sein, wobei es auch die Theorie des „feed through diarrhea" (bei Durchfällen durchfüttern) gibt. In diesem Fall ist das Füttern mehrerer Portionen leicht verdaulicher Kost ratsam. Eventuell sollte hierüber gemeinsam mit dem Tierarzt entschieden werden. Wer für Abwechslung sorgen möchte oder eine gewisse Darmreinigung anstrebt, kann statt eines Fastentages regelmäßig einen vegetarischen Tag einführen, zum Beispiel mit Milchprodukten wie Hüttenkäse, Magerquark, Ei oder auch Molkereiprodukten wie Buttermilch, Kefir, pflanzlichen Ölen usw. (siehe S. 83).

Futterumstellung

Unser Hund hat nicht die Möglichkeit, sein Futter selbst zu wählen. Wir bestimmen, was in die Schüssel kommt. Ernähren wir ihn über einen längeren Zeitraum (gemeint sind Jahre) mit einem bestimmten Alleinfutter, kann dies bei abrupter Nahrungsumstellung zu Verdauungsproblemen führen. Das bedeutet nicht unbedingt, dass das neue Futter dem bisherigen qualitativ unterliegt. Der Verdauungstrakt muss sich lediglich erst daran gewöhnen. Jede Umstellung sollte umso langsamer erfolgen, je länger ein Futtermittel hauptsächlich oder ausschließlich gefüttert wurde. Eine Umstellung sollte über drei, im Idealfall über sieben Tage erfolgen. Mischen Sie kleine Portionen des neuen Futters unter das alte. Erhöhen Sie die Menge langsam, bis Sie nur noch das neue Futter geben.

Statt eines Fastentages lieber einmal einen vegetarischen Tag pro Woche einlegen.

Abwechslung – ja oder nein?

Die Frage, ob es notwendig ist, einen ständig wechselnden Speiseplan zu erstellen, ist schwierig zu beantworten. Generell gewöhnen sich Hunde an eine Standardkost, die sie problemlos und dauerhaft zu sich nehmen, auch wenn die Reaktionen des Vierbeiners auf den „Reiz des Neuen" oftmals ein Bedürfnis an wechselnden Futtersorten suggeriert.

Zahngesundheit

Zur Förderung der Zahngesundheit und auch als Beschäftigung (nicht als Ersatz für die direkte Zuwendung oder gar den Spaziergang) eignen sich Kauartikel. Dies gilt insbesondere, wenn ausschließlich oder hauptsächlich Feuchtfutter angeboten wird. Geeignet sind Knochen und Knochenersatzprodukte, die aus tierischen Nebenprodukten bestehen (Büffelhautknochen oder Klauenhorn). Diese werden zu kleinen weichen Teilen zerkaut und können abgeschluckt ungehindert den Magen-Darm-Trakt passieren.

Knabberspaß – gut für die Zähne.

Zudem gibt es eine breite Palette von speziellen, kommerziellen Trockenprodukten (hart gebackene Biskuits usw.), die die Kautätigkeit anregen und durch eine reibende und reinigende Wirkung zur Zahngesundheit beitragen sollen. Das Kosten-Nutzen-Verhältnis sollte jedoch sorgfältig abgewogen werden. Die zusätzlich verabreichten Futtermittel müssen natürlich bei der Berechnung der täglichen Futtermenge berücksichtigt werden. Sie sollten nicht mehr als 5 bis 15 % der Tagesration ausmachen.

Der optimale Ernährungszustand

Nicht nur die „Figur" spielt bei der Beurteilung des idealen Ernährungszustandes eine Rolle. Ein gesunder Hund, der eine ideale Ernährung erhält, sollte zusätzlich zum idealen Gewicht aufmerksam und interessiert an seiner Umgebung sein, ein glänzendes Fell (frei von Schuppen) aufweisen und keinerlei Verdauungsbeschwerden zeigen.

Nahrungsergänzungsmittel

Werden ausgewogene Alleinfutter verfüttert, so bedarf es unter normalen Umständen keinerlei Nahrungsergänzung (Mineralfuttermischungen, Vitaminpräparate). Ihr zusätzlicher Gebrauch kann zu gesundheitsschädigender Überdosierung bestimmter Nährstoffe führen.

Fehlernährung kann selbst zu Verhaltensabnormitäten (Aggressionen, Ängstlichkeit) führen.

Gewichtskontrolle

Ein sich im Erhaltungsstoffwechsel befindender Hund sollte sein Normalgewicht konstant halten. Zur regelmäßigen Gewichtskontrolle wiegen Sie Ihren Hund einmal monatlich. Kleine und mittlere Rassen können zu diesem Zweck auf den Arm genommen und zusammen mit dem Besitzer auf einer Personenwaage gewogen werden. Das Gesamtgewicht abzüglich des Gewichtes des Hundehalters ergibt das Gewicht des Hundes. Für größere Hunde stehen spezielle Bodenwaagen (in den meisten Tierarztpraxen) zur Verfügung.

Ein Gewichtsverlust kann futtermittelabhängig (ungenügende Mengen, schlechte Qualität, herabgesetzte Verdaulichkeit) sowie krankheitsbedingt (Erkrankungen des Verdauungstraktes, Parasitenbefall etc.) sein.
Eine Gewichtszunahme kann ebenfalls krankheitsbedingt sein, ist aber meist auf eine zu hohe Futtermenge (bzw. eine zu hohe Energiezufuhr) zurückzuführen. Auch ein verringerter Energiebedarf wie z.B. nach der Kastration oder bei veränderten Umgebungs- und Haltungsbedingungen (Bewegung, Auslauf, Umge-

bungstemperatur) kann bei gleich bleibender Futtermenge zu einer Gewichtszunahme führen. Kalkulieren Sie also gegebenenfalls die tägliche Futter-/Energiemenge neu. Vergessen Sie nie, auch die Leckerlis in die Berechnung der täglichen Futtermenge mit einzubeziehen.

Kotbeschaffenheit

Zusätzlich zur Beschaffenheit des Kotes (Volumen, Konsistenz, Feuchtigkeit) ist die Beurteilung des Kotabsatzverhaltens zu berücksichtigen. Erschwerter, sehr schmerzhafter Kotabsatz kann durch zu festen Kot bedingt sein. Ein zu hoher Rohfaser- oder Ascheanteil (Knochen) ist oftmals die Ursache. Eventuelle Passagebehinderungen, etwa durch Raum fordernde Prozesse im Beckenbereich, Prostatavergrößerungen usw., sind gegebenenfalls tierärztlich abzuklären. Gleiches gilt bei chronisch zu weichem Kot.

Bitte nicht stören!

Über-, Unter- und Idealgewicht

Der sogenannte Körperkonditionswert (auch Körperkonditionsindex, KKI) beschreibt den Körperzustand eines Tieres aufgrund von visuellen und ertastbaren Beurteilungskriterien und gibt an, ob ein Hund Unter-, Über- oder Idealgewicht hat. Der Zielkörperkonditionswert sollte = 3 sein.

1. Sehr dünn
Rippen: Leicht ertastbar, ohne Fettschicht darüber
Schwanzansatz: Knochen stehen hervor, keine Gewebe zwischen Haut und Knochen
Seitenansicht: Flanken stark eingefallen
Ansicht von oben: ausgeprägte Sanduhrform

2. Untergewicht
Rippen: Leicht ertastbar, ohne Fettschicht
Schwanzansatz: Knochen stehen hervor, minimale Gewebsschicht zwischen Haut und Knochen
Seitenansicht: Flanken eingefallen
Ansicht von oben: Sichtbare Sanduhrform

3. Idealgewicht
Rippen: Leicht ertastbar, leicht dünne Fettschicht
Schwanzansatz: Glatte Kontur, aber Knochen können unter dünner Fettschicht gefühlt werden
Seitenansicht: Flanke leicht eingefallen
Ansicht von oben: Gut proportionierte Taille

4. Übergewicht
Rippen: Schwer ertastbar, wegen mäßiger Fettschicht
Schwanzansatz: Gewisse Verdickung, aber Knochen sind unter mäßiger Fettschicht ertastbar
Seitenansicht: Keine Flankengrube oder Taille
Ansicht von oben: Rücken ist leicht verbreitert

5. Fettsucht
Rippen: Schwer ertastbar wegen dicker Fettschicht
Schwanzansatz: Verdickt und unter dicker Fettschicht schwer ertastbar
Seitenansicht: Fett hängt vom Bauch herab und es ist keine Taille erkennbar
Ansicht von oben: der Rücken ist leicht verbreitert

aus: „Grundlagen der Kleintierernährung", Hill's Pet Nutrition, Inc.

Industriell hergestellte Futtermittel

Nach deutschem und EU-Futtermittelrecht müssen die Hersteller das Futter kennzeichnen und die Inhaltsstoffe auflisten und aufschlüsseln. Jedoch lässt die Kennzeichnungspflicht viel Freiraum und erlaubt teils ungenügende, teils irreführende Beschreibungen und Angaben.

Arten industrieller Futtermittel

Alleinfutter müssen sicherstellen, dass bei einer ausschließlichen Verwendung alle Nahrungsbedürfnisse des Hundes gedeckt werden und es zu keinen Mangelerscheinungen durch fehlende, lebensnotwendige Nährstoffe kommt. Bei Alleinfutter unterscheidet man zwischen:

– Trockenfutter (3 bis 12 % Wassergehalt),
– Feucht- oder Dosenfutter (60 bis 87 % Wassergehalt),
– halbfeuchte Futter (20 bis 35 % Wassergehalt).

Ergänzungsfutter sollen andere Futtermittel komplettieren, d.h. so weit ergänzen, dass die Gesamtration in ihrem Nährstoffgehalt vollwertig ist. Ergänzungsfuttermittel können folgendermaßen beschaffen sein:

– kohlenhydratreiche Ergänzungsfutter (z.B. zur Ergänzung einer eiweißreichen Diät),
– eiweißreiche Ergänzungsfuttermittel (z.B. zur Ergänzung einer eiweißarmen Diät),
– Mineralfutter oder vitaminierte Mineralfutter ergänzen Futtermittel, bei denen ein zu geringer Gehalt an diesen Nährstoffen vorausgesetzt wird bzw. herrscht.

Beifutter kann stets zusätzlich zu Alleinfuttermitteln oder auch gemischter Kost verabreicht werden. Hierzu zählen beispielsweise Kauknochen, Knabberstangen etc., die zur Beschäftigung oder Zahnreinigung dienen, Hundekekse und Leckerlis als Belohnungshappen und vieles mehr.

Qualitätssicherung

Industrielle Futtermittel (nicht nur Alleinfuttermittel) werden oft bezichtigt, Abfälle, Suchtstoffe oder sonstige schädliche Zutaten zu enthalten. Dies ist im Zeitalter einer zunehmenden gesetzlichen Reglementierung und wachsender Konkurrenz in den meisten Fällen sicher nicht zutreffend. Innerhalb der EU kann davon ausgegangen werden, dass die Qualität von industriellen Futtermit-

Zusammensetzung handelsüblicher Trockenalleinfuttermittel (modifiziert nach Meyer & Zentek, 2005)			
Trocken-futter	> 88 %	Ca	0,9 – 2,5 %
Rohasche	1,6 – 9,9 %	P	0,8 – 1,9 %
Roh-protein	18 – 34 %	Na	0,2 – 0,8 %
Rohfett	6 – 26 %		
Rohfaser	1,4 – 5,1 %		
Energie (verd.)	13 – 19 MJ/kg		

Quelle: Suter, P. F.; B. Kohn; H. G. Niemand: Praktikum der Hundeklinik.

Immer der Nase nach. Futterspiele bringen mehr Abwechslung in den Hundealltag.

teln zumindest strengen Qualitätskontrollen im Sinne einer Qualitäts-
sicherung unterliegen. Schwarze Schafe
gibt es auch hier. Einige Angaben auf der
Verpackung von Futtermitteln sind ob-
ligatorisch, andere fakultativ, auf jeden
Fall können sie verwirren sein.

Futtermittelrecht

Der Hersteller eines Futtermittels ist
nach deutschem und europäischem Futtermittelrecht gesetzlich verpflichtet,
auf dem Etikett bzw. der Verpackung klar-
zustellen, ob es sich um ein Alleinfutter
oder ein Ergänzungsfutter handelt. Bei
einem Ergänzungsfutter muss zusätzlich
vermerkt sein, was zugefüttert werden
muss, damit die Ration vollständig ist.
Das Futtermittelrecht regelt weiterhin,
dass Futtermittel
– nicht gesundheitsschädigend sein
  dürfen,

Getrocknete Innereien bringen Abwechslung.

– falls keine besonderen Angaben gemacht werden von handelsüblicher
  Reinheit und Unverdorbenheit zu sein
  haben,
– einen bestimmten Höchstgehalt an
  unerwünschten oder kritischen Stoffen nicht überschreiten,
– nur zugelassene Zusatzstoffe enthalten,
– derart gekennzeichnet sind, dass Wert
  und Einsatzmöglichkeit vom Käufer
  beurteilt werden können.

Zusammensetzung handelsüblicher halbfeuchter Alleinfuttermittel			
(modifiziert nach Meyer & Zentek, 2005)			
Trocken-substanz	60 – 75 %	Ca	1 %
Roh-protein	über 20 %	P	0,8 %
Rohfett	ca. 10 %	Na	0,2 – 0,4 %
Energie (verd.)	13 MJ/kg, ggf. höher		

Zusammensetzung handelsüblicher Feuchtalleinfuttermittel	
(modifiziert nach Meyer & Zentek, 2005)	
Trockensubstanz	16 – 26 %
Rohasche	1,4 – 3 %
Rohprotein	6,7 – 11 %
Rohfett	2,7 – 7,6 %
Rohfaser	0,9 – 3 %
Energie (verd.)	3 – 5 MJ/kg

Quelle: Suter, P. F.; B. Kohn; H. G. Niemand: Praktikum der Hundeklinik.

Qualität

Trotz aller gesetzlichen Regelungen variieren industrielle Futtermittel teilweise erheblich im Hinblick auf ihre Qualität. Qualitätsverfahren für ihre Herstellung sind gesetzlich nicht vorgeschrieben oder geregelt und obliegen somit dem Hersteller.

Unterschiede bei der Produktauswahl

Viele Futtermittelhersteller ändern die Fleischsorten, je nach dem, welche Sorte gerade preiswert auf dem Markt zu kaufen ist. Einige Hersteller haben Dutzende verschiedener Formulierungen (Rezepte) für ein- und dasselbe Produkt. Dies bedeutet, dass die Zusammensetzung eines Produktes variieren kann, ohne dass die Formulierung hierfür anders lautet. Wird beispielsweise „Fleisch und tierische Nebenerzeugnisse" angegeben, so kann dies verschiedene Zutaten beinhalten, je nach Marktlage. Besonders bei empfindlichen Hunden kann das durchaus zu Problemen führen.

Andere Hersteller verzichten freiwillig auf derartige Änderungen in der Zusammensetzung von Futtermitteln und verwenden ausschließlich und garantiert bestimmte und qualitativ hochwertige Zutaten. Freiwillige Qualitätssicherungs- und Herstellungsstandards (z.B. „best operating practices") können derartige Herstellungsprozesse definieren.

Die Schlüsselfaktoren für solche Herstellungsverfahren sind:
- strikte Kontrolle der verwendeten Rohstoffe,
- umfangreiche Kenntnis der verwendeten Rohstoffe sowie
- Kontrolle des Herstellungsverfahrens.

So werden beispielsweise die verwendeten Rohstoffe auf ihre Reinheit, den Zustand nach dem Transport oder die Nährstoffzusammensetzung des verwendeten einzelnen Rohstoffes geprüft. Es wird für eine schonende und sanfte Behandlung der Rohstoffe gesorgt und die Lagerbedingungen optimal (und die Lagerzeit kurz) gestaltet. Qualitätskontrollen und sämtliche Aspekte der Rohmaterialien werden genauestens dokumentiert.

Rindfleisch ist ein optimaler Eiweißlieferant.

Lamm – für empfindliche Hunde geeignet.

Futtermittelinhaltsstoffe

Die Mengenangaben für die einzelnen Nährstoffe wie Kohlenhydrate, Proteine, Fett oder Rohfaser enthalten keine Aussage über ihre Qualität. Beispielsweise zeigen verschiedene Proteine, abhängig von ihrem AS-Profil, erhebliche Unterschiede was Verdaulichkeit und biologische Wertigkeit betrifft. Verschiedene Fette weisen einen unterschiedlichen Gehalt an essenziellen FS auf, der über die Wertigkeit entscheidet. Dasselbe gilt für Rohfaser (siehe S. 17). Auch einzeln angegebene und aufgelistete Zutaten können in der Qualität unterschiedlich sein. Außerdem kann durch Transport, Lagerung und Herstellungsverfahren oder Verarbeitungsmethoden die Qualität zusätzlich verändert bzw. verschlechtert werden. Daher ist es durchaus sinn-

voll, auf Herstellerangaben zu achten, die über die gesetzlich vorgeschriebenen Inhaltsstoff- oder Zutatenangaben hinausgehen. Das können unter anderem Hinweise auf zusätzliche, freiwillige Qualitätskontrollen, besonders schonende Herstellungs- und Verarbeitungsmethoden, Herkunftsangaben der einzelnen Zutaten sein. Allerdings sollte man zwischen Qualitätsmerkmalen und reinen Marketingaussagen unterscheiden. Letztere sollen lediglich eine verkaufsfördernde Wirkung erzielen.

> ### Marketingaussagen
> Aussagen wie „besonders schmackhaft", „das Beste für Ihren Hund", „mit erlesenen Zutaten" gehören ganz klar in die Kategorie Marketingaussagen, während Angaben wie „Herstellungsprozess nach den „best operating practice" oder „Fleischanteile stammen von für den Verzehr durch den Menschen geeigneten Tieren" zum Teil etwas über die Qualität des Produktes aussagen.

Kohlenhydrate werden zumeist in Form von Getreide zur Verfügung gestellt. Sie sind hauptsächlich Energielieferant, gleichzeitig liefert Getreide aber auch andere Nährstoffe wie Protein, Fett, Mineralstoffe und Vitamine. Zwischen den einzelnen Getreidesorten gibt es teilweise erhebliche Unterschiede, was die Ver-

daulichkeit, den Gehalt an essenziellen Fett- oder Aminosäuren oder den Rohfasergehalt betrifft.

Zwischen den verschiedenen Rohfaserarten bestehen ebenfalls erhebliche Qualitätsunterschiede, vor allem bezogen auf die Fermentierbarkeit (siehe S. 18). So zeichnen sich beispielsweise Rübenschnitzel, Zitrusmark oder Sojaschrot durch eine schnelle Fermentierbarkeit, Zellulose und Erdnusshülsen durch eine langsame Fermentierbarkeit aus.

Häufig verwendete Proteinquellen bei der Herstellung von Futtermitteln sind Geflügelmehl, Lammmehl, Fischmehl, Trockenvollei, aber auch pflanzliche Zutaten wie Sojabohnenmehl oder Maisglutenmehl.
Sojabohnenmehl zeichnet sich durch einen hohen Gehalt an wichtigen, wohlschmeckenden Aminosäuren aus. Der Gesamteiweißgehalt sowie der Gehalt an weiteren Nährstoffen variiert teilweise stark unter den verschiedenen proteinhaltigen Inhaltsstoffen.
Da Hunde verglichen mit z. B. Katzen einen niedrigeren Proteinbedarf haben, darf Hundefutter mehr pflanzliches Eiweiß enthalten. Allerdings ist es für die Schmackhaftigkeit von Vorteil, wenn Hundefutter zumindest eine bestimmte Menge an tierischem Eiweiß enthält.

Fetthaltige Inhaltsstoffe haben einen Fettanteil von mindestens 50 %. Verwendung finden sowohl tierische Fette (Schweinefett, Rindertalg, Geflügelfett), als auch pflanzliche Öle (Sojabohnen, Sonnenblumen, Mais). Hochwertige Fette oxidieren langsamer und verbessern schließlich die Schmackhaftigkeit der Nahrung.

Enthaltene Antioxidantien verhindern das Ranzigwerden während der Erhitzungsvorgänge und verlängern die Haltbarkeit von Trockenfutter. Bestimmte Vitamine, Mineralstoffe und weitere Substanzen haben eine biologisch antioxidative Wirkung, sie dienen im Organismus als Fänger freier Radikale. Die in der Nahrung enthaltenen Antioxidantien haben hingegen im Körper keine oder nur eine geringe antioxidative Wirkung und müssen von den biologisch wirksamen unterschieden werden.

Hinter dem Begriff Zusatzstoffe verbergen sich alle der Nahrung zugesetzten Substanzen, die den Nährwert, die Schmackhaftigkeit oder das Aussehen verbessern.
Zu ihnen gehören Vitamine, Lebensmittelfarbstoffe (natürliche oder synthetische, beide haben die alleinige Aufgabe, das Produkt für den Verbraucher attraktiver zu machen), Geschmacksver-

Danke, dass du an meine Gesundheit denkst.

stärker (Hunde bevorzugen Zucker, Fett, Fleisch und Fleischhydrolysate) sowie Emulgatoren, Stabilisatoren und Bindemittel, um eine Trennung der Inhaltsstoffe zu verhindern. Um den Soßen- und Geleeanteil von Nassfutter herzustellen, werden Gummiarten verwendet wie z.B. Alginate (Braune Algen), Carageenan (Rote Algen), Guar-Gummi (zermahlenes Endosperm der Guarpflanze), mikrobiell hergestelltes Xanthan-Gummi oder Natrium-Carboxymethyl-Cellulose (modifizierte, wasserlösliche Zellulose).

Fleischhydrolysate sind schmackhafte Fleischextrakte oder Fleischessenzen, mit besonders konzentrierten Geschmacksstoffen, die ihre Verwendung als Geschmacksverstärker finden.

Konservierungsstoffe werden der Nahrung zugefügt, um die Lagerbedingungen zu optimieren, indem sie Zerfall, Verfärbungen oder den Verderb verzögern. Einige dieser Substanzen sind unverzichtbar, andere (bestimmte Farbstoffe) hingegen, sind nicht zwingend erforderlich.

Kennzeichnungspflicht

Unter den Begriffen Futter und Futtermittel verstehen wir für den Verzehr von Tieren (also auch Haus- oder Heimtieren) bestimmte Nahrung.
Die Kennzeichnung/Etikettierung von Futtermitteln wird durch gesetzliche Bestimmungen über Nahrungsmittel geregelt. Diese unterstehen der Europäischen Union und sollten in allen EU-Mitgliedsstaaten einheitlich sein. Die Kontrolle obliegt jedoch den einzelnen Ländern. Ein Etikett ist ein Rechtsdokument, dessen Angaben behördlich überprüfbar

Für alle Lebensphasen

Verwenden Sie kein Futter, das in der Indikation „für alle Lebensphasen geeignet" angibt, da Tiere im Wachstum, alte oder gar trächtige oder säugende Tiere vollkommen unterschiedliche Nahrungsbedürfnisse haben. Ein Futter, das allen Situationen gerecht zu werden vorgibt, ist sicher nicht für alle Tiere ideal und für manche sogar ungeeignet.

sind. Das Etikett liefert Hinweise auf die Qualität des Produktes und soll sicherstellen, dass das Produkt bzw. seine Rohmaterialien an ihren Ursprung zurückverfolgt werden können. Darüber hinaus soll es den Verbraucher über das Produkt selbst und seine korrekte Verwendung aufklären und für das Produkt werben (Marketing).
Ein Etikett lässt sich grob in zwei Bereiche unterteilen:

1. Die gesetzlich vorgeschriebene Erklärung, die alle vom Gesetzgeber geforderten Angaben enthält.
2. Das sogenannte Hauptinformationsfeld, das dem Marketingtext sowie jeglichen Abbildungen vorbehalten ist.

Ein handelsübliches Futtermitteletikett.

1. Inhalt der gesetzlichen Erklärung

Hier soll Folgendes klar und unmissverständlich enthalten sein:
– Es muss aussagen, ob es sich bei dem Futter um ein Alleinfutter oder ein Ergänzungsfutter handelt.

Im letzten Fall muss eine Information darüber enthalten sein, was zugefüttert werden muss, damit die Ration vollständig ist.

– Die Art und die Indikation muss klar hervorgehen, also für welche Verwendung das Futter gedacht ist (z.B. Futter für Hunde im Wachstum). Die Tierkategorie oder -art muss angegeben werden (Heimtiere, Hund, Katze, etc.).

Eine Gebrauchsanweisung sollte Informationen über die Futtermenge pro Tag geben. Aber Vorsicht: Dies kann nur eine grobe Richtlinie sein, da der Energiebedarf (und damit die Futtermenge) selbst unabhängig von Größe und/oder Rasse erheblich variieren kann.

Achten Sie darauf, dass Ihr Hund eine Futtermenge bekommt, mit der er weder an Gewicht verliert, noch zunimmt. Ein Hund, der in einem guten Ernährungszustand ist, bekommt die optimale Futtermenge über ein bestimmtes Intervall. Stelle ich fest, dass meine Hunde ohne krankhaften Hintergrund zu- oder abnehmen, reduziere bzw. erhöhe ich die tägliche Haupt(allein)futtermenge für die Dauer von 2 bis 3 Wochen um 10 %, wobei das Körpergewicht in 3- bis 4-tägigem Abstand kontrolliert wird.

Die einzelnen Zutaten müssen entsprechend ihrem Gewicht in absteigender Folge entweder einzeln (z.B. Huhn, Lamm, Reis) oder in Kategorien (z.B. Öle und Fette, Zerealien) angegeben werden. Beide Arten der Auflistung auf einem Etikett sind nicht zulässig. Wasser muss nicht als Zutat angegeben werden, auch wenn es während der Produktion zugegeben wird!

Zutaten und Nährstoffe

Unter **Zutat** verstehen wir ein „rohes oder verarbeitetes landwirtschaftliches Produkt oder eine andere Nährstoffquelle, die bei der Nahrungsherstellung verwendet wird". Beispiele sind Pute, Reis, Pflanzenöl, Soja usw.
Nährstoffe hingegen definieren wir als alle, für den Stoffwechsel nützlichen Produkte wie z.B. Protein (Eiweiß), Kohlenhydrate (Zucker und Stärken), Kalzium usw. Jede Zutat setzt sich also aus unterschiedlich vielen Nährstoffen zusammen. Beispiel: Die Zutat „Huhn" besteht aus den Nährstoffen „Fett, Protein, Kohlenhydrate ..."

Frischfleisch hat einen sehr hohen Wasseranteil (ca. 70 %) und somit ein hohes Gewicht. Ein Hersteller kann also mit Frischfleisch als Hauptfutterkomponente werben, weil dieses aus Gewichtsgründen den ersten Platz auf der Zutatenliste einnimmt! Die Tatsache, dass Frischfleisch als Hauptkomponente angegeben ist, bedeutet nicht unbedingt, dass es sich um ein hochwertiges Futtermittel handelt oder hauptsächlich aus Frischfleisch besteht!

Die Analyse, die auf dem Etikett eines Futtermittels erscheinen muss, schlüsselt die Zusammensetzung an Nährstoffen des kompletten Fertigfutters (meist bestehend aus mehreren Zutaten) auf. Sie gibt also Aufschluss über den durchschnittlichen Nährstoffgehalt der Nahrung in Prozent. Ein direkter Vergleich zwischen Trocken- und Dosenfutter ist anhand der Analysen nicht möglich. Um diesen zu bekommen, müsste sie auf Basis der Trockensubstanz erfolgen oder besser noch auf die Energie bezogen sein (per 100 kcal ME). In den meisten EU-Ländern ist die Angabe des Energiegehaltes mit Ausnahme einiger spezieller Diätprodukte jedoch nicht gestattet.

Um Kosten, Preis-Leistungs-Verhältnis und Nährwert eines Futters zu beurteilen, spielen die Mengen der Nährstoffe eine wichtige Rolle. Für die Beurteilung der Qualität ist die Auflistung der einzelnen Zutaten hilfreicher, als die Auflistung von Nährstoffkategorien. Beispiel: „Zutat Huhn" sagt mehr über die Art (und Qualität) der Proteinquelle aus, als die Angabe „Fleisch und tierische Nebenerzeugnisse". Reines Muskelfleisch hat eine erheblich bessere biologische Wertigkeit und Verdaulichkeit als bindegewebereiche Fleischteile (tierische Nebenerzeugnisse).

Angegeben werden müssen generell:
– Rohprotein
– Rohfett
– Rohfaser
– Rohasche
– Wasser, wenn > 14 %

Die Angabe von anderen Nährstoffen ist fakultativ. Dies können beispielsweise sein:
– Zucker
– Stärke
– bestimmte Aminosäuren (Lysin, Methionin, Cystin)
– Mengenelemente wie Kalzium, Phosphor, Natrium, Kalium und Magnesium

In Mineralfutter muss zusätzlich der Gehalt von Kalzium, Phosphor und Natrium aufgelistet sein. Stickstoffreiche Extraktstoffe (also Stärke, Zucker und andere lösliche Anteile) müssen nicht angegeben werden. Ihr Anteil lässt sich aber berechnen, indem Sie die Mengen (in %) der übrigen Komponenten addieren und von 100 (%) abziehen.

Das Rohprotein gibt lediglich den Stickstoff- und somit den Eiweißgehalt des Futters an, enthält jedoch keinerlei Informationen über die Qualität des Eiweißes. Es sagt demnach nichts über die Verdaulichkeit bzw. biologische Wertigkeit aus, also die Zusammensetzung an verschiedenen Aminosäuren.

Rohfett gibt den Gehalt aller im Futter enthaltenen Fette an. Wie für die Proteine lassen sich keine Informationen über die Qualität und Zusammensetzung, etwa bezogen auf den Gehalt an essenziellen Fettsäuren, aus der enthaltenen Menge ableiten. Ein Mindestgehalt von 5 % ist für die Aufnahme fettlöslicher Vitamine im Darm sowie die Deckung des Bedarfes an essenziellen Fettsäuren erforderlich.

Hinter dem Begriff Rohfaser verbirgt sich der Gehalt an schwer- oder unverdaulichen Pflanzenfasern. Eine gewisse Menge dient der Aufrechterhaltung der normalen Darmtätigkeit und der normalen Kotkonsistenz. Mengen über 4 % (auf die Trockensubstanz bezogen) sind nicht erwünscht (ausgenommen bestimmte Diätfutter, die der Gewichtsreduzierung dienen), da sie die Kotmenge erhöhen und die Verdaulichkeit und somit die Verwertbarkeit der Nahrung reduzieren.

Nicht nur für Herrchen und Frauchen: die Qual der Wahl.

Hinter dem Begriff Rohasche verbergen sich nicht nur lebenswichtige Mineralstoffe, sondern ebenfalls nutzloser Sand, weshalb das gelegentlich verwendete Synonym Mineralien irreführend ist. Ein bestimmter Prozentsatz an Rohasche ist unerlässlich, da diese zum Beispiel die lebensnotwendigen Mineralstoffe Kalzium, Phosphor oder Natrium enthält.

Vorsicht jedoch bei einem hohen Rohaschegehalt (über 10 % auf die Trockensubstanz berechnet), denn Rohasche enthält keinerlei verwertbare Energie.

Beispiele:
Trockenfutter (90 % Trockensubstanz, 7 % Rohasche): (7 / 90) * 100 = 7,78 %
Feuchtfutter (20 % Trockensubstanz, 3 % Rohasche): (3 / 20) * 100 = 15 %

Der Wassergehalt gibt den Feuchtigkeitsgehalt des Futtermittels an. Eine Angabe auf dem Etikett ist nur gefordert, wenn er über 14 % liegt (bei Trockenfutter liegt er meist bei 10 bis 12 %).

Ein Feuchtigkeitsgehalt von 80 % bei einem Dosenalleinfutter bedeutet, dass nur 20 %, also 1/5 des Futtermittels (dies entspricht der Trockensubstanz) tatsächlich nährenden Wert hat. Eine Differenz von nur 2 % im Feuchtigkeitsgehalt eines Dosenfutters verglichen mit einem anderen bedeutet bereits einen Unterschied von 10 % (!) in der Trockensubstanzmenge.

Futtermittelgruppen und ihre Bedeutung

(aus „Grundlagen der Kleintierernährung", Hill's Pet Nutrition, Inc.)

Fleisch und tierische Nebenerzeugnisse bezeichnen alle frischen oder mittels geeigneter Verfahren haltbar gemachter Fleischteile geschlachteter warmblütiger Landtiere sowie alle Erzeugnisse und Nebenerzeugnisse aus der Verarbeitung von Tierkörpern oder Teilen von Tierkörpern warmblütiger Landtiere.

Fisch und Fischnebenerzeugnisse sind frische oder durch geeignete Verfahren haltbar gemachte Fische oder Fischteile oder die entsprechende Nebenerzeugnisse aus ihrer Verarbeitung.

Milch und Molkereierzeugnisse sind alle frischen oder mittels geeigneter Verfahren haltbar gemachten Milcherzeugnisse sowie die Nebenerzeugnisse aus deren Verarbeitung.

Eier und Eiererzeugnisse sind alle frischen oder mittels entsprechender Verfahren haltbar gemachten Eiererzeugnisse sowie die Nebenerzeugnisse aus ihrer Verarbeitung.

Getreide oder Zerealien beinhalten alle Arten von Getreide, unabhängig von ihrer Aufmachung sowie alle Erzeugnisse aus der Verarbeitung des Mehlkörpers.

Öle und Fette beinhalten alle tierischen sowie alle pflanzlichen Öle und Fette.

Gemüse bezeichnet alle Arten von frischem oder durch geeignete Verfahren haltbar gemachtem Gemüse und Hülsenfrüchten.

Pflanzliche Nebenerzeugnisse beinhalten alle Nebenerzeugnisse aus der Aufbereitung pflanzlicher Erzeugnisse, insbesondere Getreide, Gemüse, Hülsen- und Ölfrüchte.

Pflanzliche Eiweißextrakte bezeichnen alle Erzeugnisse pflanzlichen Ursprungs, deren Proteine mittels geeigneter Verfahren auf mindestens 50 % Rohprotein, bezogen auf die Trockenmasse, angereichert sind und umstrukturiert (texturiert) sein können.

Achten Sie auf den Feuchtigkeitsgehalt.

Bäckereierzeugnisse beinhalten sämtliche aus der Herstellung von Backwaren resultierenden Erzeugnisse, insbesondere Brot, Kuchen, Kekse und Teigwaren.

Zu den **Zusatzstoffen** gehören laut EU-Richtlinien auch Vitamine und Spurenelemente. Es handelt sich um Substanzen, die dem Futter zugeführt werden, damit dieses in der Zusammensetzung ausgeglichen (und somit vollwertig) wird sowie um ihm bestimmte Eigenschaften zu verleihen wie Farbe, Aroma, Stabilität, Konsistenz und Haltbarkeit. Es dürfen ausschließlich amtlich zugelassene Stoffe der Nahrung zugesetzt werden, die vor ihrer Zulassung auf ihre Verträglichkeit geprüft wurden. Hierzu zählen entgegen weitläufig verbreiteter Meinung keine Hormone oder Antibiotika! Bis zum gegenwärtigen Zeitpunkt liegen keine Studien vor, die auf eine Verursachung von Erkrankungen durch die Verwendung von Zusatzstoffen hinweisen, obwohl in Einzelfällen Unverträglichkeitsreaktionen möglich sind.
Folgende dem Futter zugefügte Substanzen müssen auf dem Etikett angegeben werden:
– fettlösliche Vitamine A, D und E
– Kupfer
– Konservierungsmittel
– Antioxidantien
– Farbstoffe

Vitamine werden dem Futter zugesetzt, um den Vitaminverlust auszugleichen, zu dem es während der Herstellung zwangsläufig kommt.
Die fettlöslichen Vitamine A, D, und E müssen nur dann angegeben werden, wenn sie zugesetzt werden (in IE oder mg pro kg). Enthält eine Zutat bereits eine ausreichende Menge eines Vitamins (Vit. A in Leber), so bedarf es keiner entsprechenden Angabe.

Kupfer muss ebenfalls angegeben werden, wenn es dem Futter zugesetzt wird.

Mineralstoffe und **Aminosäuren** gelten nach bestehendem Recht nicht als Zusatzstoffe, sondern als Einzelfuttermittel

Konservierungsmittel werden als Substanzen definiert, welche der Nahrung hinzugefügt werden, um diese vor Verderben, Verfärbung und Schlechtwerden unter normalen Lagerungs- und Verwendungsbedingungen zu schützen bzw. diese Prozesse hinauszuzögern.
Sie schützen gegen Befall mit Schimmelpilzen und bakterielle Zersetzung des Produktes.

Antioxidantien schützen im Trockenfutter vor Oxidation von Fetten. Im Dosenfutter sind sie nicht erforderlich, da das während des Abfüllungsprozesses ent-

stehende Vakuum eine Oxidation verhindert. Einige Hersteller fügen aber auch dem Dosenfutter biologische Antioxidantien zu, um oxidative Zellschäden zu verhindern.

Farbstoffe sind natürliche oder synthetische Substanzen, die dem Tierfutter hinzugefügt werden, um diesem eine bestimmte Farbe zu verleihen (und die Attraktivität zu verbessern) oder auch eine Verfärbung zu unterbinden. Da Hunde fast farbenblind sind und auch ein Umdenken bei den Tierhaltern stattfindet, nimmt ihr Gebrauch stark ab.

Die Auswahl an Fertigfutter ist riesig und die Qualität sollte genau geprüft werden.

Angaben auf der Verpackung und ihre Bedeutung

- Keine zusätzlichen Antioxidantien oder Konservierungsmittel: Der Hersteller hat keine hinzugefügt, trotzdem können sie in den Rohstoffen vorhanden sein.
- Nur natürliche Antioxidantien: auch die Rohstoffe sind frei von jeglichen künstlichen Antioxidantien.
- Haltbarkeitsdatum mit Tag (fakultativ), Monat und Jahr („haltbar bis ...").
- Nettogewicht und Chargennummer.
- Die Registriernummer: Alle Pflanzen, die Zusatzstoffe produzieren, Vormischungen und Tierfutter müssen eine Zulassungs- oder Eintragenummer als Bestandteil der gesetzlichen Erklärung

haben, die auch auf dem Etikett einer jeden Dose zu erscheinen hat.

- Aromastoffe sowie appetitanregende Stoffe können zugesetzt und müssen angegeben werden. Diese Substanzgruppe beinhaltet alle Stoffe, von denen die entsprechende Wirkung ausgeht, und können natürliche oder auch synthetische (künstliche) Stoffe sein. Zu den Ersten gehören Gewürze aller Art (Fenchel, Vanillin, Anis, etc.), sowie Spaltprodukte von Eiweißen (z.B. Fleisch). Dass Hunde nach ihnen süchtig werden, gilt als nicht erwiesen.
- Ebenfalls dem Futter zugegeben werden dürfen Säureregulatoren (hauptsächlich bei bestimmten Diätfuttermitteln), Emulgatoren, Stabilisatoren, Verdickungs- und Geliermittel, Bindemittel, Fließhilfsstoffe sowie Gerinnungshilfsstoffe. Für diese Stoffe besteht keine Beschränkung auf eine Höchstmenge. Ausgenommen hiervon ist Pentanatriumtriphosphat.

2. Das Hauptinformationsfeld

Hier wird für das Produkt geworben und es gelten nur die generell für Werbung erhobenen Vorschriften. Die Aussagen auf den Verpackungen dürfen jedoch nicht irreführend sein, und der Hersteller muss in der Lage sein, gemachte Aussagen zu belegen. Der Käufer kann jedoch schnell in die Irre geführt werden, beispielsweise wenn mit Slogans wie „Mit Lamm als Hauptzutat" geworben wird. Diese Aussage bedeutet nämlich nicht, dass Lamm die einzige Fleischsorte oder Proteinquelle darstellt. Es lässt sich leicht erahnen, dass man die Zutatenliste derart gestalten kann, dass eine vermeintlich „hochwertige", da „hypoallergene" oder biologisch hochwertige Zutat (hier Fleischsorte) den Hauptbestandteil des Futtermittels darstellt. Davon abgesehen, dass der Hund keine Nahrung benötigt, die hauptsächlich aus Muskelfleisch besteht (er ist biologisch ein Allesfresser und kein reiner Fleischfresser), sagt diese Bezeichnung nichts darüber aus, wie viele und welche anderen Fleischsorten oder Zutaten im entsprechenden Futter enthalten sind.

Verschreibungspflichtige, medizinische Spezialdiäten (Diätfutter)

Hier gelten einige gesonderte Regelungen bezüglich der Kennzeichnung des Produktes. Die EU-Kommission hat für diese Futtermittel bestimmt, dass die Anwendungsdauer beschränkt wird. Dies geschieht durch den Zusatz „Empfohlene Anwendungsdauer: bis zu 6 Monaten" sowie „Vor der Verwendung oder verlängerten Anwendungsdauer wird empfohlen, dass Sie sich von einem Tierarzt beraten lassen".
Diese Hinweise sind wichtig, weil spezielle, medizinische Diäten nicht für jedes Individuum, sondern nur bei bestimmten Erkrankungen einzusetzen sind.

Vergleich von Futtermitteln

Um Preisvergleiche bei Fertigfuttermitteln anstellen zu können, sollten die Kosten pro Energieeinheit (etwa pro 1 MJ oder pro 1000 KJ) oder pro Tag errechnet und verglichen werden. Die Kosten je Einheit Energie liegen bei etwa dem Dreifachen, vergleicht man Feucht- mit Trockenfutter (siehe S. 62).

Die Verdaulichkeit eines Futters kann vom Tierhalter nicht direkt beurteilt werden. Allerdings kann die innerhalb eines Tages produzierte Kotmenge unter Umständen nützliche Hinweise liefern. Zu 55 bis 75 % besteht Kot aus Wasser, daher muss zusätzlich zur Gesamtmenge auch die Feuchtigkeit ebenfalls mit beurteilt werden.

Augen auf beim Kauf

– Die Packungsgröße sollte der Größe des Hundes entsprechen. Dosen müssen innerhalb von 2 Tagen verbraucht werden. Trockenfutter sollte nach Anbruch grundsätzlich kühl und trocken gelagert und gut verschlossen aufbewahrt werden. Besonders bei feuchter Lagerung können Schimmelpilze und die sich von diesen ernährenden Vorrats- oder Futtermilben (Allergie auslösend) das Futter befallen. Das Futter ist bei entsprechender Lagerung nach Anbruch innerhalb von zwei, maximal vier Wochen aufzubrauchen.

– Die Verpackungen sollten intakt sein, alle gesetzlich vorgeschriebenen Informationen einschließlich der Mindesthaltbarkeit auf der Außenseite enthalten, keinerlei Korrosionen, Rostflecke oder ähnliche Schäden aufweisen, die Hinweise auf unsachgemäße Lagerung darstellen können. Die Aufblähung von Deckel oder Boden von Dosen deutet auf Gasbildung aufgrund von bakteriellen Gärungs- und Verderbnisvorgängen hin. Nach dem Öffnen sollte das Futter eine normale Konsistenz, Farbe und Geruch aufweisen (Abweichungen: faulig, muffig, säuerlich, ranzig) und keine Fremdkörper enthalten.

– Farbstoffe können zu missverständlichen Interpretationen führen. So steht eine rötliche Färbung nicht unbedingt für einen hohen Fleischanteil.

– Lagerungs- oder produktionsbedingt kann es zum Absetzen von Fett oder Wasser kommen, was im ersten Fall nicht zwangsläufig für einen hohen Fettanteil spricht, im zweiten nicht für einen hohen Wasseranteil.

– Achten Sie auf Defekte an den Ecken von Futtersäcken, die auf Schädlingsbefall hindeuten können. Fettränder können auf ungenügende Verpackung oder zu hohe Fettmengen oder auf das Vorhandensein ranzigen Fettes hindeuten. In Flockenfutter müssen die Komponenten gut identifizierbar sein.

Vor- und Nachteile kommerziellen Alleinfutters

Besonders für den berufstätigen Hundehalter stellt die Verwendung kommerzieller Alleinfuttermittel einen deutlichen
Zeitvorteil dar. Diese sind einfach zu
handhaben, ausgewogen und komplett
in der Nährstoffzusammensetzung.
Einige Studien wollen gezeigt haben,
dass Hunde, die ausschließlich mit Al-
leinfuttern von gleich bleibender Qualität ernährt wurden, keine gesundheitlichen Nachteile oder Beeinträchti-
gungen aufwiesen. Ohne ihre Seriosität
in Frage stellen zu wollen – dass derartige Studien auch Parameter wie z.B. Le-
bensqualität berücksichtigen (können),
ist jedoch zu bezweifeln.

Kommerzielles Feuchtfutter (Dosenfutter).

Feuchtfutter

Feuchtalleinfutter ist oftmals schmack-
hafter, bietet jedoch weniger Knabberspaß, den einige Hunde vorziehen.
Generell enthält Feuchtfutter mehr
Fleisch (Eiweiß), Fleischnebenprodukte
und damit einen vergleichsweise höheren Anteil an Protein, Phosphor und
Natrium. Der Fettgehalt ist ebenfalls
höher.
Fleisch, tierische Nebenprodukte, Molkereiprodukte, Trockenei oder Fisch gehören ebenso wie pflanzliche Eiweiße (Soja,
Maiskleiber) zu den Zutaten. Hinzu kommen stärkehaltige Getreideprodukte wie

Reis, Mais oder auch Zucker sowie Öle
und Fette, Bierhefe und faserreiche Substanzen wie Rübenmark.

Verträglichkeit Es gibt einige Hinweise
darauf, dass große und Riesenrassen, die
bezogen auf das Körpergewicht im Vergleich zu kleinen Rassen einen kürzeren
Darmtrakt haben, Trockenfutter besser
vertragen als Feuchtfutter. Dies mag darauf zurückzuführen sein, dass bei den
großen Rassen Feuchtfutter schneller zu

feuchterem Kot und Gasbildung im Darm führt. Labrador und Dogge scheinen hier anfälliger als Irish Wolfhound. Für andere Rassen liegen keine Informationen vor. Bei empfindlichen Rassen bzw. Individuen sollte daher auf Trockenfutter zurückgegriffen werden.

Wassergehalt Feuchtfutter haben einen hohen Wasseranteil (zwischen 60 bis über 87 %). Dies bedeutet, dass sie auf Originalsubstanzbasis eine geringe Kaloriendichte enthalten. Diese liegt zwischen 0,7 bis 1,4 kcal (2,93 bis 5,86 KJ) umsetzbare Energie pro Gramm Futter. Durch die geringe Energiedichte und die damit verbundenen höheren Verpackungs- und Transportkosten ist die Verwendung von Feuchtfutter die teuerste Fütterungsmethode bei Fertigfutter.

Eiweißgehalt Viele kommerzielle Feuchtalleinfutter weisen zu hohe Eiweißgehalte auf. Werte über 9 % sind keinesfalls gerechtfertigt oder können sogar gesundheitliche Risiken bergen, indem sie den Verdauungstrakt, aber auch Nieren und Leber übermäßig belasten. Besonders bei älteren Hunden sollte daher auf Futter mit zu hohem Eiweißgehalt verzichtet werden. Sogenannte Seniorfutter sollten dem Rechenschaft tragen!

Verdaulichkeit Sie beträgt oftmals bis zu 90 %. Der Rohfasergehalt sollte sich um 0,4 % bewegen, lediglich bei Light-Produkten sind höhere Werte (bis 2 %) gerechtfertigt.
Die Nährstoffstabilität von Feuchtfutter ist hoch und die Haltbarkeit beträgt in der Regel mindestens 18 Monate.

Teilweise erkennbare einzelne Zutaten. Nicht alles ist jedoch immer das, wonach es aussieht.

Trockenfutter

Es wird allgemein angenommen, dass Hunde, die überwiegend Trockenfutter bekommen, in geringerem Maße zu Zahnsteinbildung und daraus resultierenden Zahn- und Zahnfleischerkrankungen neigen. Eine Studie an Pudeln mit Periodontitis konnte dies jedoch nicht bestätigen.

Der Wassergehalt von Trockenfutter variiert zwischen 3 bis 11 %. Es kann daher eine Energiedichte von 2,7 bis zu mehr als 7,1 kcal (11,3 bis 29,7 KJ) umsetzbarer Energie/g Futter enthalten. Somit liegen die Kosten je Einheit Energie im Trockenfutter bei einem Drittel, verglichen mit Feuchtfutter. Verpackung und Transport sind ebenfalls kostengünstiger, da kein zusätzliches Wasser transportiert werden muss. Die Darreichungsformen reichen von Flockenmischungen über Pellets bis hin zu Kroketten.

Eiweiß- und Fettgehalt Trockenfutter enthalten im Vergleich zu Feuchtfutter durchschnittlich weniger Protein und Fett (und Mineralstoffe) in der Trockensubstanz. Die Grundlage bilden Getreide, hier besonders Mais und Reis, Hafer und Weizen. Durch Wärmebehandlung bekommen die Getreidestärken eine gute Verdaulichkeit. Als Eiweißlieferanten dienen Fleisch und tierische Nebenprodukte, Molkereiprodukte, Hühnereier, Fischmehl und pflanzliche Eiweißextrakte (von Sojabohnen oder auch Sonnenblumen oder Leinsamen).

Eine Auswahl verschiedener Trockenfutterformulierungen.

Enthaltene Fette sind sowohl tierischer als auch pflanzlicher (Öle oder fetthaltige Samen) Herkunft. In kleineren Mengen finden sich auch Gemüse, Bierhefe, Rübenmark, Zucker, Mineralstoffe, Vitamine und Zusatzstoffe.

Trockenfutter zeichnet sich durch eine Verdaulichkeit zwischen 85 und 90 % aus. Werte unter 80 % deuten auf minderwertiges Futter hin.

Futter und Napf – auch eine Frage des Geschmacks.

Halbfeuchte und weiche Trockenfutter

Halbfeuchtfutter haben einen Wassergehalt zwischen 25 und 35 %. Sie enthalten Wasser bindende und leichte Säuerungs-mittel zur Kontrolle des Wassergehaltes und zur Verhinderung von Schimmelbildung. Die gewonnene Masse lässt sich zu Ringen, strangförmigen Produkten oder zäh-elastischen Würfeln usw. formen. Oftmals enthalten sie auch Fleischmehl und Aromastoffe. Sie schmecken süß und saftig. Aufgrund ihres hohen Zuckergehaltes (Glukosesirup) von 5 bis 10 % eignen sie sich nicht für Tiere mit Diabetes Mellitus (Zuckerkrankheit) sowie übergewichtige Tiere.

Zu den Zutaten zählen grundsätzlich jene, die bei den Trockenfuttern zum Einsatz kommen. Eine häufig verwendete Eiweißquelle ist hier Soja.

Billigfuttermittel

Einmal abgesehen von der Qualität der Zutaten, den Verarbeitungs-, Lagerungs- und Transportbedingungen von Zutaten und Fertigfutter, die nur in sehr begrenztem Maß kontrolliert werden können, lohnt sich der Vergleich von Kosten pro Kalorie, Tag oder Jahr. Scheinbar billige Futtermittel sind oftmals kaum günstiger. Besonders bei Feuchtfutter sollte der Wassergehalt unter die Lupe genommen werden. Ein paar Prozent Wassergehalt können bereits erhebliche Unterschiede ausmachen. Wie bereits erwähnt: Die Berechnung des Preises pro Kalorie kann extrem aufschlussreich – und lohnend – sein!

Mehr Abwechslung im Futternapf

Mit einigen erforderlichen Grundkenntnissen über die Zusammensetzung von Nahrungsmitteln kann man seinen Hund auf durchaus ausgewogene und gesunde Art selbst ernähren.

Empfehlungen für die selbst zubereitete Futterration

Folgende fünf Futtermittelgruppen sollten in der Rezeptur enthalten sein:

– Eine Kohlenhydrat- und Rohfaserquelle aus gekochten Getreidekörnern, Kartoffeln oder Nudeln,
– mindestens eine Proteinquelle tierischer Herkunft (weitere Proteinquellen können gerne auch pflanzlicher Natur sein),
– eine Fettquelle,
– eine Mineralstoffquelle, besonders eine Kalziumquelle,
– eine Vitamin- und Spurenelementquelle.

Mit einer solchen Rezeptur ist der Schritt in Richtung Ausgewogenheit getan.

Kohlenhydratquelle

Als Quellen eignen sich gekochter Reis, Mais, Weizen, Kartoffeln oder auch Teigwaren aus Hartweizengrieß. Die angeführten Getreidearten weisen einen ähnlichen Kaloriengehalt auf, unterscheiden sich jedoch teilweise in ihrer Zusammensetzung bezogen auf Protein, Faserstoffe (Rohfaser) oder Fette. Wird ein höherer Proteingehalt in der Ration angestrebt, kann beispielsweise eine Getreidesorte wie Mais durch Sojabohnen ersetzt werden. Der Fasergehalt kann durch das Beimischen von gekochten Erbsen oder Speisekleie erhöht werden.

Verhältnis Kohlenhydrate zu Protein: 2:1 bis 3:1

Verdauungsstörung

Bezogen auf die Trockensubstanz einer Ration sollten 50 bis 60 % Stärke und 18 % Zucker nicht überschritten werden, da es sonst zu Störungen der Verdauung kommen kann.

Eiweißquelle

Tierische Skelettmuskeln (Muskelfleisch) ähneln einander stark im AS-Profil und sind somit von hoher Verdaulichkeit und biologischer Wertigkeit. Wenn Ihr Hund nicht an einer Futtermittelunverträglichkeit (siehe S. 110) leidet, sind die tierischen Eiweiß- bzw. Fleischquellen beliebig untereinander austauschbar.

Leber kann ebenfalls gefüttert werden, wobei sie entweder einmal pro Woche die gesamte Fleischration ersetzen oder bei Langzeitverwendung die Hälfte des Fleischanteiles ausmachen darf. Die Vorteile von Leber liegen in einer Verbesserung des AS-Profils von Muskelfleisch oder Gemüse. Darüber hinaus enthält sie essenzielle Fettsäuren, Cholesterin, Vitamine und Spurenelemente.

Vegetarische Eiweißquellen: Ei-Eiweiß stellt die beste Proteinquelle dar, falls auf Fleisch und Fleischprodukte verzichtet werden soll.

Der Fleischanteil sollte 25 bis 30 % nicht überschreiten.

Ideale Zutat und Kohlenhydratlieferant für Selbstzubereiter: (gekochte!) Kartoffeln. Dazu frisches Fleisch als Eiweißträger.

Pure Lebensenergie – auch Spiegel einer optimalen Ernährung.

Fettquelle

Der Fettgehalt variiert erheblich zwischen verschiedenen Fleischstücken. Bei einer sehr fettarmen Proteinquelle ist es ratsam, diese in der Ration durch eine zusätzliche Fettquelle zu ergänzen, um eine ausreichende Energiedichte sowie einen ausreichenden Gehalt an essenziellen Fettsäuren sicherzustellen. Der Fettgehalt bei Rinderhackfleisch variiert zwischen 10 und > 20 %, je nachdem, ob es sich um extra mageres, mageres oder durchschnittliches Fleisch handelt. In der Gesamtration sollte der Fettgehalt mindestens 2 % ausmachen. Wie bereits erwähnt, sind Hunde hervorragende Fettverdauer und -verwerter, so dass kaum zu viel Fett gefüttert werden kann. Von Nachteil ist eher der hohe Brennwert von Fett, weshalb zu hohe Fettanteile über einen längeren Zeitraum zu Überfettung des Hundes führen können.

Als zusätzliche Nahrungsfette eignen sich sowohl tierische (gekochtes Rinder-, Hühnerfett oder Hühnerhaut), als auch Fischöle (z.B. Thunfisch, Makrele, Sardinen) oder pflanzliche Öle (vorzugsweise kalt gepresst, damit die Qualität erhalten bleibt) wie Weizenkeimöl, Maisöl, Olivenöl, Distelöl u.a.

Veganische Ernährung

Eine rein veganische Ernährung des Hundes ist nicht zu empfehlen. Sojamehl ist zwar von allen pflanzlichen Eiweißquelle eine sehr hochwertige, jedoch ist sie als ausschließliche Proteinquelle absolut ungeeignet, da ihr AS-Profil im Vergleich zu tierischen Eiweißquellen unvollständig ist.

Kalzium und weitere Mineralstoffe

Im Hinblick auf die Versorgung mit Mineralstoffen ist hausgemachtes Futter meist unausgewogen. Besonders Kalzium ist oft in ungenügender Gesamtmenge repräsentiert. Ein weit verbreiteter Irrglaube ist, dass es genügt, Quark, Hüttenkäse, Milch oder Käse zu füttern, um den niedrigen Kalziumgehalt auszugleichen. Darüber hinaus führt häufig die Verarbeitung zu hoher Mengen an Fleisch zu einem hohen Phosphatgehalt. Besonders im letzten Fall kann durch Zugabe von Kalziumkarbonat (2 g pro 15 kg Hund und Tag), das meist in Apotheken und Reformhäusern erhältlich ist, ausgeglichen werden. Es enthält 40 % Kalzium und weniger als 1 % Phosphat. Ist der Gesamtproteingehalt gering, kann eine Ergänzung von Kalzium und Phosphor nötig werden. Hier eignen sich dampfautoklaviertes Knochenmehl, Dikalziumphosphat und einige Mineralergänzungsfutter, die Kalzium und Phosphor in einem Verhältnis von 2 : 1 enthalten.

Vitamine und andere Nährstoffe

Dem Hundehalter stehen eine Fülle von Vitamin- und Mineralstoffergänzungsfutter zur Verfügung. Über deren Notwendigkeit im Falle einer Ernährung mit ausschließlich oder überwiegend selbst zubereitetem Futter sollte man sich gegebenenfalls mit dem Tierarzt beraten.

Meeresalgen

Eine optimale Kalziumergänzung ist Algenkalk aus der Meeresalge Lithothanium Calcareum. Er enthält Ca von einer hohen Bioverfügbarkeit, das Ca-P-Verhältnis beträgt ca. 420 : 1.

Häufige Fehler bei hausgemachten Futterrationen

Einer der Hauptfehler, die bei der Zubereitung von Hundefutterrationen gemacht werden, basiert auf der Annahme, der Hund sei ein reiner Fleischfresser. Die meisten selbst hergestellten Futterrationen enthalten daher zu viel Protein bei zu wenig Kalorien, Kalzium und Spurenelementen.

Die meisten verwendeten Fleisch- und Kohlenhydratquellen enthalten zu viel Phosphat. Dies hat ein umgekehrtes Kalzium-/Phosphor-Verhältnis (teilweise > 1 : 10, ideal 1,3 : 1) zur Folge. Die exzessiven Fleischmengen führen zu einem stark erhöhten Eiweißgehalt in der Futterration. Besonders bei älteren, aber auch bei Tieren mit eingeschränkter Nierentätigkeit kann dies gefährliche Folgen haben. So kann sich eine beginnende (evtl. noch nicht klinisch sichtbare) Niereninsuffizienz verschlechtern.

Eine der wichtigsten Regeln:
Füttern Sie nie zu viel Fleisch!

Ein weiterer, oftmals gravierender Fehler besteht im Verzicht auf Vitamin-Mineralstoff-Mischungen als Ergänzung der selbst zubereiteten Rationen. Damit läuft der Hundehalter Gefahr, eine im Hinblick auf wichtige Nährstoffe erforderliche Ausgewogenheit der Ration nicht zu erreichen bzw. ein vorhandenes Ungleichgewicht nicht auszugleichen.

Nähr- und Mineralstoffgehalte einiger Futtermittel (in 100 g)

	TS	VQ	Rft	Rp	Berechnete verdauliche Energie		Ca	P	Na
Futtermittel	%	(org. Subst.) %	g	g	kj	kcal	mg	mg	mg
Haferflocken	91	86	6,6	13,8	1472	352	70	410	3 – 30
Reis, poliert	89	85	0,6	7,0	1147	346	10	120	30
Mais	89	88	2,8	8,9	1454	348	20	260	40
Kartoffeln, gekocht	22	94	0,1	2,0	342	82	10	50	3
Schweinefleisch, fett	56	94	42,0	11,7	1782	426	10	40	50
Herz (Schwein/Rind)	23	93	4,8	16,9	576	138	10	110	70
Leber (Rind)	25	95	3,1	19,7	588	141	10	330	100
Pansen	22	92	6,9	11,6	553	132	70	90	120
Euter	24	90	8,9	12,5	640	153	140	210	100
Lunge	19	88	1,6	14,7	399	95	4	150	140
Knochen, frisch	50	70	15,0	12,0	737	176	9000	3800	330
Luzernegrünmehl	93	40	3,2	18,0	996	239	1400	260	100
Quark	22	–	0,6	17,2	368	88	71	189	36
Hartkäse	40	–	8,6	26,4	837	200	530	280	1280
Schellfisch	20	–	0,1	17,9	335	80	18	176	116

TS = Trockensubstanz, VQ = Verdauungs-Quotient, Rft = Rohfett,
Rp = Rohprotein, J = Joule, cal = Kalorie, Ca/P/Na = Kalzium/Phosphor/Natrium

Quelle: Suter, P. F.; B. Kohn; H. G. Niemand: Praktikum der Hundeklinik.

Nährstoffberechnung
Über das Internet können Sie die Nährstoffe verschiedener Lebensmittel berechnen lassen:
www.uni-hohenheim.de/wwwin140/info/interaktives/lebensmittel.htm

Was bei der Herstellung zu beachten ist

Fleisch und Eier sollten grundsätzlich gekocht verfüttert werden, will man möglicherweise enthaltene Keime abtöten. Alle tierischen Zutaten sollten mindestens 10 Minuten bei 82 °C gekocht werden. Pflanzliche Zutaten (Gemüse) sollten grundsätzlich gründlich gewaschen, evtl. auch gekocht werden. Bei längerem Kochen gehen Vitamine verloren, teilweise jedoch wird die Verdaulichkeit erhöht. In jedem Fall empfiehlt sich das Zerkleinern (hacken, pürieren, zermörsern, usw.), um eine bessere Verdaulichkeit und Aufnahme von Nährstoffen zu erzielen. Bestimmte fettlösliche Vitamine und Provitamine können nur in Gegenwart von Fett im Darm aufgenommen werden. Die Zugabe kleiner Mengen Pflanzenöl sollte also besonders bei Gemüse grundsätzlich erfolgen. Getreidekomponenten sollten ebenfalls gekocht werden, da sich durch den Kochvorgang die Stärkeverdaulichkeit erhöht (Flocken einweichen).

Bestimmte, in rohen Lebensmitteln enthaltene, unerwünschte Faktoren werden durch Kochen zerstört, wie z.B. Thiaminasen in bestimmten Fischsorten, Antitrypsin in Sojabohnen. Kartoffeln enthalten ebenfalls einen unerwünschten, aber hitzeinstabilen Faktor und sollten daher nie roh verfüttert werden.

Kochzeit

Kochen Sie Kohlenhydrate und Eiweißquellen separat. Erstere benötigen eine längere Kochzeit für die Erhöhung der Stärkeverdaulichkeit, während Eiweiß durch zu langes Kochen denaturiert. Obst und Gemüse erleiden bei längerem Kochen einen Vitaminverlust und sollten, falls dies zur Erhöhung der Verdaulichkeit überhaupt gewünscht wird, nur kurz gedünstet werden.

Rohes Schweinefleisch
Auf keinen Fall darf rohes Schweinefleisch gefüttert werden, da es den Erreger der beim Hund tödlichen Pseudowut (Morbus Aujeszky) enthalten kann. Die Gefahr, dass ein Hund nach Fütterung rohen Geflügels oder Eiern an Salmonellose erkrankt, ist aufgrund der Beschaffenheit der Magensäfte äußerst gering. Auf der anderen Seite können Hunde Salmonellen und andere Keime über den Darm ausscheiden und somit besonders für Kleinkinder, alte Menschen oder immungeschwächte Patienten gefährlich sein.

Haltbarkeit

Werden keinerlei Konservierungsmittel zugesetzt, können hausgemachte Futterrationen auf Vorrat zubereitet und unter Luftausschluss und bei einer Temperatur von 0 bis 4 °C drei bis sieben Tage gelagert werden. Größere Mengen müssen bei -20 °C eingefroren gelagert werden. Bei Raumtemperatur sollte derart zubereitete Nahrung nicht länger als ein paar Stunden stehen, da es sonst aufgrund des hohen Feuchtigkeitsgehaltes schnell zu einem Befall mit Bakterien und Schimmelpilzen kommen kann. Kontrollieren Sie auch gekühlt aufbewahrte Rationen täglich auf Farb- oder Geruchsveränderungen als Zeichen für Verderb.

Generelles zur Zubereitung

– Benutzen Sie bei der Zubereitung eine Lebensmittelwaage mit Grammskala zum Abwiegen der einzelnen Zutaten. Achten Sie bei der Verwendung von Rezepten darauf, ob sich die Mengenangaben auf gekochte oder ungekochte Substanz beziehen – dies macht, wenn Sie einmal an Reis denken, einen erheblichen Unterschied in der tatsächlichen Menge aus.

– Besonders wenn der Hund dazu neigt, zu selektieren, d.h., sich die ihm wohl schmeckenden Brocken herauszupicken, vermischen Sie die gekochten (oder die gekochten mit den rohen) Zutaten gut, am besten in einem Mixer.

Nährstoffquellen

Die Wahl der Zutaten sollte unter Berücksichtigung des Energie- und Nährstoffgehaltes, der individuellen Verträglichkeit und nicht zuletzt der Kosten erfolgen. Je nach dem bestimmenden Nährstoff können wir folgende Gruppen unterscheiden:

Proteinquellen	*Tierische Proteine:* Muskelfleisch, Organfleisch (z.B. Herz), Organe wie Leber oder Nieren sowie Schlachtabfälle, Fisch, Milch und Ei-Eiweiß *Pflanzliche Proteine:* Sojamehl bzw. Sojaextraktionsschrot, Erbsen, Bohnen.
Fettquellen	Öle wie beispielsweise Olivenöl, Distelöl, Sojaöl oder Maisöl, fettreiches Fleisch, fettreicher Fisch, Eigelb oder Hühnerhaut.
Kohlenhydratquellen	Getreideflocken, Reis, Mais, Weizenmehl, Kartoffeln, Teigwaren (Nudeln aus Hartweizengrieß).
Rohfaserquellen	Weizenkleie, Futterzellulose, Karotten usw.

Ob das schmeckt?

- Zugefütterte Mineral- oder Vitaminergänzungspräparate sollten nicht mit gekocht, sondern dem Futter erst direkt vor dem Verfüttern beigemischt werden, da ihr Nährstoffgehalt durch Kochen und Lagerung abnimmt. Ähnlich können Sie mit frisch gehackten Kräutern verfahren.
- Der Feuchtigkeitsgehalt selbst zubereiteter Rationen ist mit ca. 70 % annähernd mit dem kommerzieller Feuchtfutter vergleichbar.

Nahrungsmittel im Überblick
Fleisch

Muskelfleisch ist vor allem reich an Eiweiß und Fett. Das Verhältnis variiert je nach Fleischsorte, so kann der Fettgehalt bei besonders fettreichen Fleischsorten den Eiweißgehalt sogar übersteigen. Schwein, Rind und Hammel stellen eher fetthaltige Fleischsorten dar, wohingegen beispielsweise Pferdefleisch und Geflügel eher fettarm sind. Je nach Fettanteil schwankt der Energiegehalt zwischen 0,5 und 2 MJ/100 g Frischsubstanz. Wird hauptsächlich oder ausschließlich eiweißarmes Fleisch verfüttert, kann dies eine Unterversorgung mit Eiweiß zur Folge haben. Muskelfleisch enthält relativ wenig Kalzium bei einem hohen Phosphatanteil. Auch Natrium und einige Spurenelemente sowie fettlösliche (vor allem A, D) Vitamine und Ballaststoffe sind nicht in genügendem Maße vorhanden (der Vitamin E-Gehalt variiert in Abhängigkeit vom Fettgehalt). Die wasserlöslichen Vitamine sind dagegen in ausreichender Menge vorhanden. Fleisch zeichnet sich durch eine hohe Verdaulichkeit von durchschnittlich 98% aus.

Wechseln Sie die Fleischsorte ruhig ab und zu, sofern der Hund keine Überempfindlichkeiten zeigt, was zu Unverträglichkeitssymptomen wie Durchfall, Erbrechen oder Hauterkrankungen führen könnte.

Wurstwaren

Von der Fütterung von Wurstwaren rate ich eher ab, es sei denn, diese werden als gelegentliche Snacks verabreicht. Die meisten dieser Produkte zeichnen sich durch einen hohen Fettgehalt bei niedrigen Mineralstoff- und Vitamingehalten aus.

Innereien Leber und Nieren enthalten hochwertiges Eiweiß und sind zudem (besonders die Leber als Speicherorgan, aber auch die Nieren) reich an Vitaminen und Spurenelementen. Mit dem Kalzium hingegen verhält es sich ähnlich wie bei Muskelfleisch. Die Leber enthält tierische Stärke (Glykogen), die schwer verdaulich ist und bei Fütterung größerer Mengen durch Gärungsprozesse im Dickdarm zu Durchfall führen kann. Die Verdaulichkeit von Leber und Nieren ist hoch und die Akzeptanz auch in frischem Zustand sehr gut.
Füttern Sie Leber nicht öfter als ein- bis zweimal pro Woche, da sie sich ähnlich wie Muskelfleisch nicht zu ausschließlichen oder überwiegenden Verfütterung eignet und es zudem zu einer Überversorgung mit Kupfer oder Vitamin A kommen kann.

Schlachtabfälle wie Vormägen von Wiederkäuern, Schweinemägen, Euter, Lunge usw. eignen sich besonders aus Kostengründen zur Fütterung größerer Hunde. Sie sind tiefgefroren und portioniert erhältlich (trotzdem abkochen!). Vormägen (Pansen, Haube und Blättermagen) sind gereinigt frisch oder getrocknet erhältlich. Der sogenannte „grüne", d.h. ungereinigte Pansen ist besonders schmackhaft, aufgrund seines strengen Geruches jedoch nicht jedermanns Sache. Zudem können Verunreinigungen wie Steinchen oder Metallteile enthalten sein, die besonders bei Junghunden zu Problemen im Magen-Darm-Trakt führen können. Vormägen zeichnen sich durch eine hohe Verdaulichkeit aus, sind eiweißreich, aber in der Nährstoffzusammensetzung unausgeglichen. Mit dem Grad der Reinigung sinkt der Gehalt an wasserlöslichen Vitaminen und Faserstoffen.
Sonstige Schlachtabfälle wie Lunge, Milz, Därme, Euter, Sehnen und Bänder sind besonders reich an Bindegewebe. Zwar besitzen sie eine hohe Verdaulichkeit (bis 95 %), jedoch können sie bei übermäßiger Verfütterung zu Durchfällen führen. Sie liefern vor allem Eiweiß und

Da ist doch was vergraben!

Fett. Der Fettgehalt variiert je nachdem, wie hoch beispielsweise bei der Verarbeitung der Lunge der Anteil an anhaftendem Fett und Schlund ist (reine Lunge enthält wenig Fett). Verträglichkeit, Verdaulichkeit und Akzeptanz können durch Kochen verbessert werden. Der Vitamin-, Mineralstoff- und Spurenelementgehalt ist ähnlich wie für Fleisch.

Knochen enthält Fett und Eiweiß, vor allem aber einen hohen Gehalt an Kalzium, Phosphor und Magnesium. Daher nicht zu viel füttern!

Vermeiden Sie stark splitternde Knochen (z.B. Wild), da spitze Knochenteile zu Verletzungen der Maulhöhle und des Verdauungstraktes führen können. Bei einer übermäßigen Knochenfütterung kann es zur Bildung von Knochenkot und somit zu Verstopfungen kommen. Besonders bei Fütterung selbst zubereiteter Rationen auf der Basis von Fleisch, kann Knochen als Mineralstoffergänzung herangezogen werden (Vorsicht: Knochen enthält auch Phosphat, so dass eine Ergänzung von Kalzium erforderli ch sein kann). Zur Deckung des Bedarfes an Kalzium und Phosphor eines Hundes im Erhaltungsstoffwechsel genügt etwa 1 g Frischknochen pro kg Körpergewicht und Tag. Hierfür geeignet sind Knochen jüngerer Tiere (Kalbsknochen) sowie die weniger festen Brustbein- oder Rippenknochen, die abgekocht werden müssen.

Auch die Knochen von Schlachtgeflügel sind heute nicht mehr als stark splitternd anzusehen, da die Schlachtung frühzeitig erfolgt, so dass es nicht zur vollständigen Mineralisierung der Knochen (also zur Bildung sehr harter, splitternder Knochen) kommt. Meiden Sie Wirbelknochen und quer geschnittene Röhren.

Tiermehle bilden eine kostengünstige Eiweißquelle (40 bis 60 %) und wurden daher in der Vergangenheit häufig zur Fütterung großer Hunde eingesetzt. Seit dem Auftreten bestimmter Erkrankungen wie BSE unterliegt der Handel strengen Kontrollen. Tiermehle bestehen aus zunächst erhitzten, dann zerkleinerten und getrockneten Schlachtabfällen. Die genaue Zusammensetzung variiert teilweise erheblich in Abhängigkeit von Ausgangsmaterial und Herstellungsverfahren. Die Verarbeitung von Magen-Darm-Inhalten führt zu einem höheren Rohfasergehalt, Geflügelmehle mit höheren Anteilen an Keratin (Federn und Ständern) weisen eine niedrige Verdaulichkeit auf.

Fisch und Fischmehle

Fisch stellt ein optimales, ausgewogenes Nahrungsmittel für den Hund dar. Die Akzeptanz ist in der Regel ebenfalls gut. Am besten füttern Sie den gesamten Fisch, einschließlich Skelett und Organen. So erzielen Sie ein optimales Nährstoffverhältnis. Gräten sind in der Regel kein Problem, vermeiden Sie lediglich große, stark mineralisierte Knochenteile und (wichtig!) vergewissern Sie sich, dass der Fischkopf keinen Angelhaken enthält. Fisch sollte stets gekocht angeboten werden, um Bakterien und Parasiten abzutöten und die besonders in Süßwasserfischen enthaltenen vitaminblockenden Substanzen zu inaktivieren. Empfindliche Nasen können sich daran stören, dass der Hund bei Fütterung großer Mengen Fisch einen ebenfalls fischigen Geruch annimmt.
Bei der Verarbeitung zu Fischmehl kommt der gesamte Fisch zur Verwertung, was zu einem optimalen Nährstoffprofil führt.

Fisch – ein optimales und ausgewogenes Nahrungsmittel auch für Hunde.

Eier und Molkereiprodukte bringen viel Abwechslung in den Speiseplan.

Milch und Molkereiprodukte

Kuhmilch stellt ein hervorragendes und hochverdauliches Nahrungsmittel dar. Sie dient als Lieferant von Fett, Eiweiß, Milchzucker, Vitaminen und Mengenelementen (besonders Kalzium), ist aber arm an Spurenelementen. Ein limitierender Faktor als Nahrungsmittel für Hunde ist der Milchzucker (Laktose), den Hunde individuell unterschiedlich tolerieren (verdauen), was zu Durchfällen führen kann (Milchzuckergehalt rd. 40 % der Trockensubstanz). 20 ml Milch pro kg Körpergewicht und Tag sollten nicht überschritten werden, es sei denn, eine bessere Verträglichkeit wurde im Einzelfall ausgetestet. Magermilch hat aufgrund des reduzierten Fettgehaltes eine geringere Energiedichte und einen verringerten Gehalt an fettlöslichen Vitaminen. Ebenfalls optimal in der Hundeernährung geeignet sind Joghurt, Dickmilch, Sauermilch, Buttermilch, Kefir, Quark und Hüttenkäse.

Der Energiegehalt dieser Produkte variiert erheblich in Abhängigkeit vom Fettgehalt (höher im Fettquark als im Magerquark, 1 % in der Buttermilch). Quark, Sauermilch, Buttermilch, Kefir und Joghurt enthalten einen im Vergleich zur Milch erheblich reduzierten Milchzuckergehalt (dieser wird durch Fermentierung zu Milchsäure und anderen Substanzen umgewandelt). Aus diesem Grund sind sie verträglicher und können selbst in größeren Mengen verfüttert werden.

Verwenden Sie Milch, Buttermilch, Kefir usw. beispielsweise zum Einweichen von Trockenfutter oder auch pur bzw. mit anderen Nahrungsmitteln im Mixer püriert (Gemüse, Nüsse, Pflanzenöl, Kräuter usw., um nur ein paar mögliche Zutaten zu nennen).

Schonkost
Hüttenkäse und Magerquark kombiniert mit Kartoffelpüree (ohne Milch, Butter oder sonstige Zutaten) oder Reisschleim bilden eine optimale, da leicht verdauliche Schonkost zur begleitenden Behandlung von Magen-Darm-Erkrankungen.

Hühnereier

Eier sind reich an hochwertigem Protein und Vitaminen. Werden beispielsweise minderwertige Schlachtabfälle gefüttert, kann die biologische Wertigkeit durch Zugabe von Eiern gesteigert werden. Die Schale besteht zu ca. einem Drittel aus Kalzium und kann als entsprechende Ergänzung (zerrieben) zugefüttert werden. Füttern Sie Eier grundsätzlich gekocht. Enthaltene Hemmstoffe werden so inaktiviert und eventuell vorhandene Salmonellen abgetötet.

Getreidearten liefern Energie und andere wichtige Nährstoffe.

Getreideprodukte

Getreideprodukte liefern hauptsächlich Kohlenhydrate und fungieren somit als Energielieferanten. Mais, Weizen, Hirse, Hafer, Reis und Schrot enthalten wenig (ca. 10 %) Rohprotein sowie wenig Kalzium und Natrium bei einem mittleren Phosphatgehalt und sind somit bezogen auf die Mineralstoffzusammensetzung nicht ausgewogen. Vitamin E findet sich lediglich in der Keimanlage, die anderen fettlöslichen Vitamine fehlen. Die wasserlöslichen Vitamine sind bis auf Vit. B12 ausreichend in den äußeren Schichten der Getreidekörner vorhanden. Sie fehlen hingegen in deren Verarbeitungsprodukten (Weißmehlen). Zerkleinerte Körner weisen eine relativ hohe Verdaulichkeit (ca. 95 %) auf, bei rohfaserreichen Körnern wie Gerste und Hafer liegt diese niedriger. Geschrotete oder zu Flocken zerkleinerte Körner weisen die ursprüngliche Nährstoffzusammensetzung auf, Haferflocken, Grieß und Graupen hingegen werden im Zuge ihrer Herstellung von ihrer äußeren Hülle befreit, so dass der Rohfasergehalt sinkt. Haferflocken besitzen einen hohen Fettgehalt und wertvolle ungesättigte Fettsäuren. Eine der am häufigsten Verwendung findenden Getreidesorten ist Reis. Er enthält überwiegend Kohlenhydrate (als Energielieferant) und wenig Eiweiß und Mineralien. Faserstoffe, Vitamine und

Fette gehen zu einem Großteil durch das Polieren verloren, weshalb man ungeschältem Reis den Vorzug geben sollte.

Getreidemehle bestehen fast ausschließlich aus dem gemahlenen Mehlkörper des Getreidekorns und enthalten somit kaum mehr als Stärke. Brot und Nudeln sind ebenfalls eiweißarme Produkte mit einem relativ niedrigen Vitamingehalt. Wenn möglich, greifen Sie auf Vollkornprodukte zurück, die einen höheren Anteil an Asche, Vitaminen und Rohfaser enthalten. Füttern Sie Nudeln nur gekocht, Brot sollte abgelagert und nicht frisch (kann zu Fehlgärungen führen) gefüttert werden. Beides, wie im Übrigen alle Getreideprodukte, sollten niemals ausschließlich gefüttert werden, da sie der dringenden Ergänzung bedürfen.

Weizenkeime sind reich an Vitamin E und essenziellen Fettsäuren. Weizenkleie enthält 10 bis 12 % Rohfaser und kann zur Ergänzung bei Fütterung hochverdaulicher Komponenten oder zur Regulierung der Darmtätigkeit eingesetzt werden.

Hülsenfrüchte

Sie liefern sowohl Eiweiß als auch Kohlenhydrate. Der Eiweißanteil und der Rohfasergehalt sind im Vergleich zu Getreide höher. Füttern Sie Erbsen und

Bohnen aus der Dose können bedenkenlos zugefüttert werden.

Bohnen nur gekocht. Dadurch steigt die Verdaulichkeit (die Verdaulichkeit des Eiweißes liegt bei 75 bis 85 %) und giftiges Phasin (in Gartenbohnen enthalten) wird neutralisiert. Bei Fütterung größerer Mengen kann es durch bakterielle Fermentierung der Rohfaser im Dickdarm zu Blähungen kommen. Am besten sollten Erbsen oder Bohnen nicht mehr als 10 % der Ration ausmachen. Sojabohnen haben eine ähnliche Zusammensetzung wie Bohnen und Erbsen, bei einem ungleich höheren Fettgehalt (dieser beträgt ca. 20 %) und einer höheren Eiweißqualität. Am besten Sojaflocken füttern, die eine höhere Verdaulichkeit besitzen. Vorsicht: auch hier können bei Verfütterung größerer Mengen Blähungen auftreten.

Obst enthält Vitamine und Mineral- sowie Faserstoffe und wird von Hunden gerne gefressen.

Werden aus fettreichen Samen und Früchten Öle gewonnen, so bleiben Rückstände, die einen besonders hohen Eiweißgehalt aufweisen. Dieser kann bis zu 90 % betragen. Die in einer Futterration enthaltene Gesamtmenge sollte 10 bis 15 % nicht überschreiten, da es ansonsten auch hier zu Blähungen kommen kann. Sojaprodukte sind arm an Mineralstoffen und fettlöslichen Vitaminen. Lediglich B-Vitamine sind in größeren Mengen enthalten.

Kartoffeln

Sie stellen einen optimalen Energielieferanten für Hunde dar, da sie fast ausschließlich aus Stärke, also aus Kohlenhydraten bestehen. Der Proteingehalt ist niedrig. Kartoffeln enthalten einige wasserlösliche Vitamine und viel Kalium.

Füttern Sie Kartoffeln immer gekocht, da sie roh so gut wie unverdaulich sind. Die Keime sind sorgfältig zu entfernen und das Kochwasser zu verwerfen, da es hohe Anteile an giftigem Solanin enthält. Am besten gut waschen, mit der Schale kochen und anschließend zerkleinern. So hält sich der Vitaminverlust in Grenzen.

Möhren

Sie enthalten vor allem Ballaststoffe, Kohlenhydrate, viel Pro-Vitamin A, das der Hund für sich nutzen kann. Selbst größere Mengen lassen sich problemlos füttern (200 g für einen 10 kg schweren Hund pro Tag sind möglich). Die Verdaulichkeit ist mit bis zu 90 % hoch. Auch roh gefüttert werden Karotten gut vertragen (am besten gerieben oder zerkleinert und mit etwas Pflanzenöl).

Obst

Obst liefert vor allem Ballaststoffe, Kohlenhydrate und Mineralstoffe. Im Gegensatz zum Menschen kann der Hund sein
eigenes Vitamin C produzieren, daher
spielt der Vitamingehalt eine untergeordnete Rolle. Bananen haben einen hohen Stärkegehalt, sind also überwiegend
Energielieferanten. Äpfel sind reich an
Pectinen (sie binden Giftstoffe im Darm
und fördern so deren Ausscheidung) und
Zucker. Beeren, Ananas, Pflaumen, Zwet-
schgen usw. können gut gefüttert werden. Zitrusfrüchte eignen sich aufgrund
des hohen Säuregehaltes weniger, auch
von Weintrauben rate ich generell ab.

*Für Selbstzubereiter eine willkommene Zutat.
Nüsse enthalten vor allem hochwertige Fette.*

Obst-Cocktail

Obst stets reif bis überreif füttern, gut waschen,
Steinobst entkernen, immer zerkleinern.
Obst im Mixer zerkleinern, etwas Öl
sowie gegebenenfalls Molkereiprodukte
dazugeben und Sie erhalten einen auch
für den Vierbeiner gesunden Cocktail.

Nüsse

Diese können ebenfalls verfüttert werden. Am besten zerkleinern. Sie liefern
überwiegend Fett (davon ca. 10 % in
Form von mehrfach ungesättigten Fettsäuren) und enthalten zudem Spurenelemente und Vitamine. Vorsicht bei
Mandeln (sie enthalten Blausäure).

Gemüse und Kräuter

Sie enthalten im frischen Zustand viel
Wasser und liefern ansonsten vor allem
Vitamine, Mineralstoffe und Faserstoffe
(< 10 %). Broccoli, Friseesalat und andere
grüne Salate, Fenchel, Spinat, Petersilie,
Basilikum eignen sich bestens, um bal-
laststoffarme Rationen zu ergänzen (bis
5 % der Trockensubstanz). Füttern Sie
Gemüse roh oder blanchiert (ideal im
Dampfdrucktopf), so behalten sie einen
möglichst hohen Nährstoffgehalt. Zwiebelgewächse (alle Gewächse der Familie
Allium) sind für Hunde giftig. Sie enthalten N-Propyldisulfid, dass die roten Blutkörperchen zerstört und somit zu Blutarmut führen kann.
Roh gefüttertes Gemüse sollte stets
gründlich zerkleinert werden.

Kräuter können schnell und einfach im Garten oder auch auf dem Balkon gezogen werden.

Fette und Öle

Sie liefern neben den lebenswichtigen essenziellen Fettsäuren lediglich eines – Brennmaterial, also Kalorien. Ein Mindestanteil Fett in der Futterration ist unumgänglich, um die Aufnahme fettlöslicher Vitamine zu gewährleisten und die essenziellen Fettsäuren zu liefern. Unter den tierischen Fetten enthalten Fischöle den höchsten Anteil essenzieller Fettsäuren (und besitzen somit die beste Verdaulichkeit).

Knoblauch

Studien haben gezeigt, dass Knoblauch (das ebenso wie Lauch zu den Zwiebelgewächsen zählt, siehe S. 92) keineswegs gegen Würmer oder gar Flohbefall schützt. Ein Irrglaube, der sich hartnäckig bei Hundehaltern und -züchtern hält.

Der entsprechende Gehalt und die Verdaulichkeit bei Geflügel-, Schweine- und Wiederkäuerfett dagegen nehmen in der aufgeführten Reihenfolge ab. Pflanzliche Öle zeichnen sich durch einen hohen Gehalt an ungesättigten Fettsäuren aus. Dies bedeutet allerdings auch, dass sie schneller verderben bzw. ranzig werden. Mit der Fettmenge steigt auch der Bedarf an Vitamin E. Besonders geeignet sind Mais-, Sonnenblumen-, Oliven- oder Leinsaatöl.

Ergänzungsfutter

Kohlensaurer Futterkalk, Kalziumzitrat, Kalziumkarbonat oder zerriebene Eierschalen eignen sich besonders zur Ergänzung selbst zubereiteter, kalziumarmer Rationen. Seealgenmehl kann zur Mineralstoffergänzung eingesetzt werden, hat jedoch einen hohen Jodgehalt (zu viel Jod kann schädlich sein). Leber eignet sich zur Ergänzung von Vitamin A, Weizenkeimlinge für Vitamin E. B-Vitamine können in Form von entbitterter Bierhefe ergänzt werden.

Getreideflocken (Flockenfutter) eignen sich zur Kohlenhydratergänzung bei Fütterung besonders eiweißreicher Rationen (Schlachtabfälle, etc.). Die meisten erhältlichen Produkte sind ausreichend mit Vitaminen angereichert, weisen aber teilweise einen ungenügenden Mineralstoffgehalt (besonders Kalzium) auf.

Getreideflocken als Ergänzung von eiweiß-reicher Kost.

Umgekehrt gibt es eiweißreiche Ergän-zungsfutter (Trockenfleisch oder eiweiß-reiche Dosenfutter), die zur Ergänzung von überwiegend kohlenhydratreicher (Kartoffel, Reis, Getreide) Kost geeignet sind. Zumeist bedarf es jedoch noch der zusätzlichen Ergänzung von Vitaminen und Mineralstoffen.
Vitamin- und Mineralstoffpräparate die-nen dazu, entsprechende Defizite zu kor-rigieren. Am besten wählen Sie Präparate in Pulver- oder Granulatform, die Sie leichter unter die Hauptnahrung mi-schen können. Gerade Mineralfutter sind oftmals nicht besonders schmack-haft. Die meisten selbst zubereiteten Rationen müssen mit Kalzium und Vitamin A ergänzt werden, weniger mit Phosphat, das zu meist in ausreichender Menge enthalten ist. Lassen Sie sich bei der Wahl beraten.

Die sogenannten Beifutter beinhalten Produkte, die als Belohnungen oder zum Knabberspaß angeboten werden können. Sie sollten 10 % der täglich aufgenom-menen Futtermenge nicht überschrei-ten. Zu ihnen gehören Drops, Kekse, Knabberstangen, Rollen usw.
Im Trend liegen auch Präparate, die Kräuter, Gelatine usw. enthalten und zur allgemeinen Gesundheit bzw. Krank-heitsvorsorge dienen sollen. Diese Pro-dukte sind in der Regel nicht gerade preiswert und oftmals fehlen Studien, die den beworbenen Nutzen tatsächlich belegen.

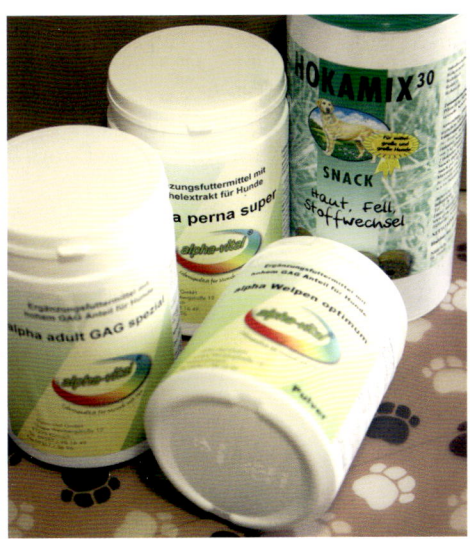

Vitamin- und Mineralstoffpräparate sind vor allem zur Ergänzung selbst zubereiteter Rationen geeignet.

Menüvorschläge

Die hier angeführten Beispiele erheben keinen Anspruch auf Ausgewogenheit in der Einzelration. Sie sind für einen ausgewachsenen, gesunden Hund mit normaler Aktivität im Erhaltungsbedarf gedacht.

Etwas Süßes zum Verwöhnen Vorgequollene Haferflocken, Obst (Apfel, Banane, Himbeeren, etc.), 300 ml Kefir oder Buttermilch (alternativ Hüttenkäse, Magerquark, Jogurt), ein Esslöffel Honig, Paranüsse oder Haselnüsse, ein Esslöffel kaltgepresstes Pflanzenöl

Vegetarisch Eier gekocht bzw. als Rührei, Magerquark, Kartoffeln, Spinat, Öl

Karottenmus Schlund, Kehlfleisch, Karotten, Haferflocken (eingeweicht in Wasser mit etwas Milch), Öl, gemahlene Nüsse

Zusammensetzung einer möglichen Ration

- 35 bis 45 % eiweißreiche Futtermittel (Fleisch, bestimmte Schlachtabfälle)
- 45 bis 55 % Getreideprodukte (Haferflocken, Nudeln) oder Kartoffeln
- 5 % Rohfaser, z.B. Weizenkleie
- 5 % Pflanzenöl oder Schweineschmalz
- 0,5 g/kg KGW Mineralfutter mit ca. 20 % Kalzium
- dazu in kleinen Mengen Kräuter, Milchprodukte, Nüsse, etc.

Brokkolinudeln Pferdefleisch, Teigwaren (Nudeln aus Hartweizengrieß, eventuell Vollkornnudeln), 1/2 Bund Petersilie (gemahlen), Brokkoli, Knochenbrühe, Öl

Nordsee Dorsch (Filet), Magerquark, Karotten mit Kartoffeln, Kohlrabi

Pute auf Brot Putenfleisch (z.B. Puten-oberkeule) oder Hühnerfleisch mit Haut,

Mengenangaben (ungefähr, da Energiebedarf individuell unterschiedlich)			
	Körpergewicht Hund		
	5kg	15kg	30kg
Fleisch	60g	175g	300g
Getreide/ Kartoffeln	100g	150g	200g
Gemüse	20g	40g	100g
Pflanzenöl	20g	40g	60g
	zusätzlich Mineralstoffergänzung		

Auch vegetarische Kost kann gesund und vollwertig sein, wenn Eier oder Milchprodukte zugefüttert werden.

Hüttenkäse, eingeweichtes Brot, 1 Esslöffel geriebene Haselnüsse, grüner Salat, gekochte Leinsamen

Pansennudeln Grüner Pansen, Quark, Nudeln, Suppengemüse

Rind mit Honig Rindermuskelfleisch, 1 Stück fetter Speck (Schwarte), Vollkornreis, 1 Eßl. Honig, geriebene Gartenkräuter, 1 Teelöffel Bierhefeflocken

Rinderherzen auf Salat Rinderherz mit Reis, pürierter grüner Salat (verwenden Sie das Kochwasser vom Fleisch), geriebene Sonnenblumenkerne, eine Banane

Magen von der Kuh Blättermagen, Leber, Karotten, eingeweichte Haferflocken, kaltgepresstes Olivenöl

Hühnchen in Buttermilch Hühnermägen und/oder -herzen, Leber, Reis, Buttermilch, 1 Apfel, zerriebene Nüsse

Spinatreis Maul- oder Kehlfleisch, Vollkornreis, Spinat, Weizenkeimöl

Tagesration für Barfer
(g/Tag für einen 10kg schweren Hund)
125 g Fleisch mit Fett
25 g Leber
5 bis 10 g weiche Knochen
100 g Gemüse

Ungeeignete Nahrungsmittel

Katzenfutter gehört nicht auf den Speiseplan des Hundes. Wenngleich oftmals sehr schmackhaft, enthält es zu viel Eiweiß.

Eier gehören nicht roh auf den Speiseplan. Zum einen enthält rohes Eiklar Avidin, eine Substanz, die Vitamin H inaktiviert, zum anderen befinden sich in ihm Substanzen, die die Eiweißverdauung hemmen (Trypsin-Inhibitoren).

Schweinefleisch sollte niemals roh oder ungenügend gekocht verfüttert werden (Vorsicht besonders auch bei Mett oder Mettwurst), da sich in ihm der für Hunde tödliche Aujeszky-Erreger befinden kann.

Zwiebelgewächse, d.h. alle Gewächse der Familie Allium, sind für Hunde giftig. Sie enthalten N-Propyldisulfid, das die roten Blutkörperchen zerstört und somit zu Blutarmut führt. Wichtig: Zu ihnen gehören auch Knoblauch und Lauch.

Kartoffeln niemals roh füttern, Kochwasser (enthält giftiges Solanin) immer wegschütten.

Da lag doch vorhin noch etwas Essbares?

Schokolade und Zwiebelgewächse gehören nicht in die Hundenahrung.

Schokolade, Kaffee haben in der Hundeernährung absolut keinen Platz. Das im Kakao enthaltene Theobromin kann bei Vergiftungen zu Erbrechen, Durchfällen, Muskelzittern und sogar Herzversagen führen. Die tödliche Dosis beträgt 100 mg Theobromin pro kg Körpergewicht. Dunkle Schokoladen und Kuvertüren haben den höchsten Gehalt. 30 g Vollmilchschokolade enthalten 70 mg Theobromin, die gleiche Menge Kakaopulver oder Backschokolade enthalten 600 mg. Dies bedeutet, dass der Verzehr von 30 g Backschokolade für einen 6 kg schweren Hund tödlich enden kann. Auch beim Abbau von Koffeinhaltigem entsteht Theobromin.

Bei Kernobst und Steinobst können abgeschluckte Kerne zu Problemen im Verdauungstrakt bis hin zum Darmverschluss führen. Zudem enthalten Fruchtsteine Blausäure. Werden zu viele von ihnen zerbissen, besteht die Gefahr einer Vergiftung.

Hülsenfrüchte sowie Kartoffeln niemals roh füttern (Erstere können giftig sein, Letztere sind so gut wie unverdaulich). Vorsicht auch bei Nachtschattengewächsen (Solanin). Tomaten füttere ich persönlich nicht.

Kein Platz auf der Liste der für Hunde geeigneten Nahrungsmittel haben ferner Wurstwaren, die oftmals einen hohen Fettgehalt haben und zudem stark gewürzt und gesalzen sind.

Ein bißchen Gras zur besseren Verdauung?

Rohfleischfütterung (BARFEN)

Die Extremisten unter den Befürwortern selbst zubereiteter Nahrung bevorzugen das Verfüttern ausschließlich roher Zutaten. Diese Ernährungsweise wird als B.A.R.F. bezeichnet, das umgangssprachlich mit „Biologisch artgerechte Rohkostfütterung" übersetzt wird. Eigentlich kommt das Kürzel aus dem Englischen und steht für „bone and raw food" (Knochen und rohe Nahrung).

Die Philosophie

Das Prinzip dieser Ernährungsphilosophie besteht in der ausschließlichen Verfütterung roher Zutaten (Fleisch, Fisch, Getreide, Obst, Gemüse, Milch- und Molkereiprodukte, usw.). Auch Knochen werden mehr oder weniger zerkleinert roh gefüttert, teilweise werden in einem Stück oder zerkleinert komplette rohe Futtertiere (Geflügel, Kaninchen, Fisch usw.) angeboten. Dabei wird davon ausgegangen, dass beispielsweise rohe Knochen (besonders Knochen junger Tiere) weniger gefährlich sind, da sie nicht dazu neigen zu splittern und somit den Verdauungstrakt schädigen. Rein ernährungsphysiologisch handelt es sich durchaus um eine gesunde Ernährung, die ja tatsächlich der Ernährung des Hundes bzw. der seiner Vorfahren und Verwandten in freier Wildbahn entspricht. Dennoch birgt das BARFen auch Risiken, die man nicht unterschätzen sollte.

Vor- und Nachteile der Rohfütterung

Die Vorteile der Verfütterung ausschließlich roher Komponenten liegen zunächst einmal in der bestmöglichen Erhaltung der Nahrungseiweiße, die besonders durch langes Erhitzen denaturieren, sowie der Vitamine, die ebenfalls durch Lagerung, Verarbeitung (besonders durch Kochen) teilweise verloren gehen bzw. zerstört werden. Anders hingegen sieht es bei Getreide aus (siehe S. 84). Die ent-

der Natur auch Aas). Dies ist im Prinzip auch richtig. Dennoch besteht zumindest die Möglichkeit bakterieller Vergiftungen bzw. Erkrankungen. Ein weiterer, sehr wichtiger Aspekt ist die Möglichkeit, dass (z.B. im Fall von Salmonellen) der Hund selbst keine klinischen Anzeichen einer entsprechenden Vergiftung bzw. Infektion zeigt, jedoch zum Ausscheider und Träger der entsprechenden Erreger wird. Dies bedeutet, der Hund ist selbst nicht krank, beherbergt aber den Krankheitserreger in seinem Verdauungstrakt, die er sporadisch oder permanent mit dem Kot ausscheidet, also an seine Umgebung abgibt.

haltene Stärke wird erst durch Hitzebehandlung für den Organismus verwertbarer bzw. verdaulicher gemacht. Weitere Vorteile der Rohkostfütterung sind sicher eine optimale Akzeptanz seitens des Hundes durch eine hohe Schmackhaftigkeit sowie evtl. das Kauvergnügen am Knochen oder Ähnlichem.
Die Nachteile dieser Art der Ernährung liegen vor allem in der Aufnahme von Keimen und Parasiten über die Nahrung. Zwar wird seitens der Befürworter stets argumentiert, dass die Magensäfte (besonders der stark saure pH-Wert) des Hundes Keime töten (Hunde fressen in

Selbstversorger!

Überträger von Krankheiten

Zu den Krankheitserregern, die über den Hund zum Menschen gelangen und für diesen eine Gefahr darstellen können, zählen sowohl Parasiten (Rund- und Bandwürmer, besonders gefährlich für den Menschen der Fuchsbandwurm Echinococcus), Bakterien, Viren und einzellige Parasiten wie Toxoplasmen. Besonders für immunsupprimierte Patienten (beispielsweise AIDS-Patienten, mit Chemotherapeutika behandelte Patienten) aber auch Kleinkinder und ältere Menschen kann dies gefährlich sein. Lebt dieser Personenkreis im Haushalt, ist zumindest die Verfütterung rohen Fleisches und tierischer Nebenprodukte zu überdenken bzw. zu unterlassen.

Anders verhält es sich mit Obst, Gemüse, Kräutern, Milchprodukten und Molkereiprodukten. Hier bestehen keine ernsthaften Risiken. Obst und Gemüse sollte lediglich gründlich gewaschen werden.

Nahrungsmittel, die nicht roh gefüttert werden sollten

Kartoffeln sollten auf keinen Fall roh gefüttert werden, da sie roh so gut wie unverdaulich sind. Das Kochwasser sollte wegen des möglicherweise hohen Gehaltes an giftigem Solanin ebenfalls verworfen werden. Auch Ei-Eiweiß sollte wenigstens nicht in größeren Mengen roh verfüttert werden, da es hemmende Substanzen enthält, sowie einen Stoff, der Vitamin H bindet.

Die habe ich mir hart erkämpft!

Diese Substanzen werden durch Erhitzen inaktiviert. Schweinefleisch kann den für den Hund tödlichen Aujeszky-Erreger enthalten (dieser wird ebenfalls durch Hitze zerstört). Rohes oder unzureichend gekochtes oder gebratenes Schweinefleisch (Mettwurst!) kann daher zur tödlichen Gefahr für den Hund werden und sollte unter keinen Umständen gefüttert werden. In den letzten Jahren sind in Deutschland glücklicherweise keine Fälle von Aujeszky-Erkrankung beim Hund aufgetreten. Oftmals ist es jedoch nicht möglich, die genaue Herkunft von Fleisch herauszufinden.

Mein persönlicher Rat

Ich persönlich finde die ausschließliche Rohfütterung aus einigen der hier genannten Gründe problematisch, auch wenn man sie keinesfalls pauschal ablehnen kann. Aus meiner Praxiserfahrung kann ich durchaus bestätigen, dass „geBARFte" Hunde (vorausgesetzt, einige Regeln wie Mineralstoffergänzung werden sorgsam eingehalten) grundsätzlich einen sehr gesunden, vitalen und sehr aufmerksamen Eindruck machen.

Wer für Abwechslung auf dem Speiseplan seines Hundes sorgen möchte, kann sich auch einfach einige Rezepte der Barfer zu Eigen machen, ohne auf kommerzielles Alleinfutter oder selbst zubereitete (gekochte) Futterrationen prinzipiell verzichten zu müssen. Viele Hunde nehmen gerne Obst und Gemüse, Kräuter oder auch Nüsse, evtl. mit etwas tierischem Fett, Pflanzenöl und/oder Molkereiprodukte wie Buttermilch, Kefir und Joghurt kombiniert zu sich. Idealerweise wird Obst und besonders Gemüse möglichst fein zerkleinert (Mixer), um eine bessere Verdauung und Verwertung der Nährstoffe zu ermöglichen. Durch die Zugabe kleiner Mengen an pflanzlichen Ölen oder auch tierischen Fetten wird die Aufnahme besonders der fettlöslichen Vitamine ermöglicht. Kaufen Sie Obst und Gemüse der Saison.

Mythen rund um den Hund

Gerade im Bereich der Ernährung gibt es Behauptungen, die sich standhaft in der Hundeszene halten.

Knoblauch gegen Flöhe

Knoblauch hilft nachweislich nicht gegen die lästigen Insekten und gehört darüber hinaus zu den Zwiebelgewächsen und kann somit in größeren Mengen sogar schädlich sein.

Eine Mahlzeit am Tag ist für den erwachsenen Hund ausreichend

In einigen Ausnahmefällen (energiedichte, fettreiche Ration) kann der gesamte Energie- und Nährstoffbedarf in Form einer einzigen täglichen Mahlzeit ohne Probleme gedeckt werden. Besser jedoch: Füttern Sie mindestens zwei Hauptmahlzeiten täglich.

Ein genereller Fastentag pro Woche dient der Darmreinigung

In der Natur kommt es zwangsweise auch zu längeren Fastenzeiten. Dann wird jedoch auf andere Nahrung (Pflanzen, Früchte, Kot, Aas, usw.) zurückgegriffen. Ob also ein Tag ganz ohne Futter besonders vorteilhaft und gesund ist, sei dahingestellt. Machen Sie lieber einen vegetarischen Tag oder füttern Sie während und nach Magen-Darm-Erkrankungen leicht verdauliches (Hüttenkäse mit Kartoffelpüree usw.).

Bei Magen-Darm-Erkrankungen muss zunächst ein Tag gefastet werden

Je nach Art, Schwere und Ursache der Erkrankung kann es vorteilhaft sein, den geschädigten Darm nicht noch durch einen Nahrungsentzug zusätzlich zu belasten. Nach Absprache mit dem Tierarzt können mehrmals täglich kleine Portionen einer leicht verdaulichen (Schon)-kost angeboten werden.

Welpen großer Rassen benötigen zusätzlich Kalzium

Seit langem belegt: das genaue Gegenteil ist der Fall. Ein mäßig Kalzium- und energiereduziertes Futter dient dazu, bei Welpen großer und Riesenrassen Skelettschäden während des Wachstums zu verhindern!

Hunde brauchen Knochen

Es gibt genug Alternativen zur Fütterung von (rohen oder gekochten) Knochen. Kauspielzeug aus Rinderhaut und Bindegewebe bieten eine risikoarme Alternative und genug Knabberspaß. Die Zufuhr von Kalzium wird auf andere Weise über die Ernährung gewährleistet. Soll partout nicht auf Knochen verzichtet werden: vermeiden Sie Wirbelknochen, Hühnerknochen, quer geschnittene Röhren. Am besten Röhrenknochen (Kalb), Brustbein oder Rippen. Kleine Hunde (< 10 kg), Welpen sowie Hunde, die bereits zu Verdauungsstörungen neigen, sollten überhaupt keine Knochen erhalten. Vorsicht: Knochenkot kann zu schweren Verstopfungen führen!

Sauerkraut befreit den Magen-Darm-Trakt von zuvor abgeschluckten, spitzen Fremdkörpern

Wahrscheinlich ebenfalls ein Ammenmärchen. Es gilt als nicht bewiesen, dass Sauerkraut spitze Fremdkörper im Darm umwickelt und deren Ausscheidung tatsächlich problemlos ermöglicht. Besteht der Verdacht, dass Ihr Hund einen Fremdkörper (welcher Art auch immer) abge-

Was bin ich und was brauche ich? Ein gut informierter Halter ist ein guter Anfang.

schluckt hat – kontaktieren Sie in jedem Fall umgehend Ihren Tierarzt!

Der Hund ist ein Fleischfresser und kann sich von (purem) Fleisch ernähren

Der Eiweißbedarf eines Hundes ist z.B. im Vergleich zu Katzen relativ gering und zu viel Eiweiß schadet mehr, als dass es nützt. Besonders bei älteren oder nierenkranken Hunden kann zu viel Eiweiß extrem schädlich sein, ja sogar zum Fortschreiten beispielsweise einer bestehenden Nierenerkrankung führen. Halten Sie sich also an die empfohlenen Mengen. Füttern Sie dafür möglichst hochwertiges Eiweiß.

Altersgemäße Ernährung
und Unverträglichkeiten

Alter, Beanspruchung und Übergewicht

Ob große oder kleine Rassen, junge oder alte Hunde – gerade bei der Ernährung sind die individuellen Ansprüche ganz unterschiedlich.

Fütterung der trächtigen und säugenden Hündin

Während der ersten zwei Drittel der Trächtigkeit haben Hündinnen einen kaum erhöhten Energiebedarf verglichen mit einem normalen, ausgewachsenen Hund. Erst im letzten Drittel muss der Energiebedarf angepasst werden. Am 40. Tag der Trächtigkeit hat der Fötus erst 5,5 % seiner Masse erreicht. Nach dem 40. Tag wächst er exponentiell und mit ihm steigt in gleichem Maß der Energie- und Nährstoffbedarf der Hündin. Generell lässt sich also sagen, dass ein wesentlich erhöhter Bedarf an Energie und Nährstoffen vor allem während des letzten Drittels der Trächtigkeit besteht. Der Höhepunkt ist zwischen der 6. und 8. Woche erreicht. Der Energiebedarf ist am höchsten in der letzten Trächtigkeits-woche. Da die Gebärmutter besonders bei großen Rassen (hohe Welpenzahl) ein großes Volumen erreicht und einen Großteil der Bauchhöhle füllt, kann die Futteraufnahme sinken. Der Energiebedarf steigt auf 30 bis 60 % über dem Erhaltungsbedarf in Abhängigkeit von der Wurfgröße. Dem Energiebedarf folgt der Proteinbedarf. Dieser steigt ebenfalls auf 40 bis 70 % zusätzlich zum Erhaltungsbedarf. Besonders wichtig ist hier die Qualität, da für das Wachstum des Fötus besonders essenzielle AS benötigt werden. Proteinmengen von mindestens 35 %, bezogen auf die Trockensubstanz eines Fertigfutters, sind empfehlenswert. Zur Steigerung von Verdaulichkeit, Qualität und Energiedichte ist ein hoher Fettgehalt (10 bis 25 % bezogen auf die Trockensubstanz) sinnvoll.

Hündin mit ihrem Nachwuchs: hier herrscht ein besonderer Nährstoffbedarf.

Der Kohlenhydratanteil sollte bei über 20 %, bezogen auf die Trockensubstanz, liegen. Auch der Kalzium- und Phosphorbedarf steigt während der letzten 35 Tage der Trächtigkeit um ca. 60 %.

Rinderleber

Für trächtige Hündinnen ist die Zugabe von 1 g Rinderleber pro kg KGW/Tag besonders zu empfehlen, da diese eine Fülle weiterer wichtiger Nährstoffe enthält (essenzielle Fettsäuren, Cholesterin, Vitamine, Spurenelemente).

Zusammenfassend können wir sagen, dass besonders während des letzten Drittels der Trächtigkeit ein wesentlich erhöhter Bedarf an Energie, Eiweiß, Kalzium und Phosphor sowie weiterer Nährstoffe besteht. Es wird also die Fütterung eines hochwertigen, hochverdaulichen und energiedichten Futters mit einem

hohen Phosphat- und Kalziumgehalt empfohlen! Besonders wichtig: füttern Sie häufig! Die Gebärmutter besetzt einen Großteil des Bauchraumes zu Lasten des Magens.

Die säugende Hündin

Der Nährstoffbedarf säugender Hündinnen hängt im Wesentlichen von der Anzahl der Welpen und somit der produzierten Milchmenge ab.
Ein Beispiel: eine Deutsche Schäferhündin mit 6 Welpen kann während der 3. und 4. Laktationswoche ca. 1,7 Liter Milch pro Tag produzieren.
Ab der 5. Woche sinkt die produzierte Milchmenge, da die Welpen beginnen, selbstständig Nahrung aufzunehmen. Idealerweise sollte eine Hündin direkt nach dem Werfen 5 bis 10 % mehr Körpergewicht als vor dem Deckakt haben.

Welpen und Junghunde

In den ersten drei Lebenswochen ernähren sich Welpen ausschließlich von Muttermilch. Ab der vierten Woche kann bereits damit begonnen werden, kommerzielles Welpenfutter (Feuchtfutter oder aufgeweichtes und zu Brei verrührtes Trockenfutter) oder selbst zubereiteter Futterbrei zuzufüttern. Nach dem Absetzten sollte das Welpenfutter hochverdaulich und mit einem hohen Gehalt an hochwertigem Protein, Energie und

Nährstoffen sein. Bis zum 6. Lebensmonat, in dem der Hund 40 % seines Endgewichtes erreicht hat, ist der Energiebedarf etwa doppelt so hoch wie der eines ausgewachsenen Hundes.

Futterrationen

Da der Magen zunächst ein geringes Fassungsvermögen hat, füttern Sie mehrmals täglich:
– 4-mal täglich bis zum vierten Lebensmonat,
– 3-mal täglich bis zum sechsten Monat,
– ab dem sechsten Monat 2-mal täglich.

Kalziumbedarf

Wie bereits erwähnt, besteht ein wichtiger Unterschied im Energie- und Kalziumbedarf zwischen Welpen kleiner und mittlerer Rassen und jenen großer und

Welpenfutter für Hündinnen

Welpenfutter können sowohl für laktierende als auch für trächtige Hündinnen verwendet werden. Füttern Sie jedoch niemals spezielle Futter für im Wachstum befindliche Welpen großer und Riesenrassen, da diese einen zu niedrigen Energie- und Kalziumgehalt haben!

Riesenrassen. Letztere haben einen entsprechend niedrigeren Bedarf. Erkundigen Sie sich bei der Verwendung von kommerziellem Fertigfutter gegebenenfalls im Handel oder beim Hersteller. Generell sollte Welpenfutter nie mit zusätzlichem Kalzium angereichert werden, ausgenommen selbst zubereitetes Futter (informieren Sie sich diesbezüglich bei Ihrem Tierarzt) und sämtliche Zutaten sollten hochwertig sein.

Der alternde Hund

Es ist schwierig, genau zu sagen, ab wann ein Hund alt ist. Während eine Dogge mit 7 vielleicht schon als alt zu bezeichnen ist, ist es der Pudel oder Dackel vielleicht erst ab einem Alter von 10 Jahren. Generell ist die Aussage möglich, dass größere Hunderassen schneller altern als kleine. Ausnahmen gibt es allerdings auch hier.

Ernährungsregeln

– Zunächst sollte sichergestellt werden, dass es sich um ein gesundes, altes Tier handelt (jährliche Routineuntersuchungen, sogenannte Geriatrie-Checks, usw.). Bestimmte, altersbedingte Erkrankungen (z.B. Nierenerkrankungen) können eine besondere Diät erforderlich machen.
– Da viele Körperfunktionen mit zunehmendem Alter nachlassen, werden Nährstoffe unter Umständen nicht mehr so gut vom Körper aufgenommen wie bei jüngeren Tieren. Daher ist es wichtig, dass Zutaten hochwertig und leicht verdaulich sind.
– Generell neigen Menschen und Tiere mit zunehmendem Alter dazu, Fett auf- und Muskelmasse abzubauen. Daraus und aus der meistens verringerten körperlichen Aktivität folgt ein herabgesetzter Energiebedarf, der sich im Futter niederschlagen muss.

– Entgegen vielen Behauptungen haben alte Hunde (eine normale Nierentätigkeit vorausgesetzt) keinen verringerten Eiweißbedarf.

Kommerzielle Fertigfutter für Hunde ab einem bestimmten Alter (sogenannte Seniorfutter) berücksichtigen diese Bedürfnisse. Selbstzubereiter sollten vor allem darauf achten, ausgewogenes Futter zu verwenden. Reduzieren Sie die tägliche Futtermenge oder den Energiegehalt, indem Sie z.B. fettreicheres Fleisch durch mageres ersetzen.

Eingeschränkte Nierentätigkeit

Mit zunehmendem Alter steigt die Gefahr einer krankheitsbedingten Einschränkung der Nierentätigkeit. In der sogenannten subklinischen Phase sind derartige Niereninsuffizienzen nicht unbedingt für den Hundehalter sichtbar, können aber durch routinemäßige Blut- oder besser bzw. bereits zu einem früheren Zeitpunkt durch Harnuntersuchungen festgestellt werden. Fragen Sie Ihren Tierarzt nach entsprechenden Vorsorgeuntersuchungen. Dies ist umso wichtiger, als bei eingeschränkter Nierenfunktion Futter bestimmte Merkmale aufweisen müssen. Phosphat-, Natriumchlorid (Kochsalz) sowie Eiweißgehalt müssen reduziert sein. Dafür muss das vorhandene Eiweiß besonders hoch-

Fit bis ins hohe Alter – auch dank einer guten und abwechslungsreichen Ernährung.

wertig sein, damit es nicht zu einem Mangel essenzieller Aminosäuren kommt. Mit einer entsprechenden Diät lassen sich die geschädigten Nieren „umgehen" und eine Verschlechterung der Erkrankung verhindern bzw. verzögern.

Couchpotato oder Rennmaschine

Als Leistungshunde können wir Tiere bezeichnen, die mehr als drei Stunden täglich aktiv sind, also Sport- und Gebrauchshunde wie beispielsweise Schlittenhunde, Jagdhunde, Rennhunde oder auch Tiere, die mit Frauchen oder Herrchen joggen gehen oder täglich am Fahrrad laufen, intensives Agilitytraining ab-

solvieren usw. Diese Hunde haben natürlich einen höheren Energiebedarf verglichen mit einem „Couchpotato" bzw. einem Hund, der zwei Stunden am Tag an der Leine ausgeführt wird. Wir wissen, dass zusätzliche Energie in Form von (zusätzlichen) Kohlenhydraten, aber auch von Fett zur Verfügung gestellt werden kann. Gleichzeitig muss jedoch die Menge der übrigen lebenswichtigen Nährstoffe erhöht werden. Berücksichtigen Sie dies, wenn Sie Futter selbst zubereiten. Ansonsten fragen Sie Ihren Tierarzt oder im Handel nach speziellen Fertigfuttern, die den gegebenen Bedürfnissen entsprechen.

Mehr Leistung über mehr Energie

Grundsätzlich sollten Hunde, die in kürzester Zeit sportliche Höchstleistungen erbringen (Rennhunde) zusätzliche Energie vor allem in Form von Kohlenhydraten erhalten, da diese schneller verwertet werden können. Bei Hunden, die über längere Zeiträume Ausdauerleistung erbringen (Schlittenhunde, Jagdhunde, etc.), kann eine Steigerung der enthaltenen Energie auch über eine erhöhte Fettzufuhr erfolgen.

Beachten Sie generell, dass ein erhöhter Energie- (und Nährstoff)bedarf lediglich für die Tage vermehrter Aktivität gilt. An normalen Tagen bzw. außerhalb der Saison besteht ein normaler Energiebedarf (siehe DER, S. 38).

Während Renn- oder Gebrauchshunde wie etwa Führhunde nur einen geringfügig erhöhten Energiebedarf haben, können Sie bei einem Jagd- oder Hüte-

> ### Fütterungszeit
> Die Fütterung sollte ca. zwei Stunden nach der Aktivität erfolgen und nicht vorher, damit ein zu voller Magen nicht behindernd wirkt. Eine kleinere, leicht verdauliche Mahlzeit kann und sollte jedoch besonders bei Sprintern auch einige Stunden vor Beginn der Aktivität verabreicht werden, um der Gefahr einer Unterzuckerung vorzubeugen.

hund von einem doppelten, bei Schlittenhunden von einem dreifachen Energiebedarf verglichen mit dem eines normalen Hundes ausgehen. Auch dies sind jedoch nur grobe Richtlinien. Nur mittels regelmäßiger Gewichtskontrolle und Beurteilung des Gesamtzustandes sowie der Leistungsfähigkeit des Individuums lässt sich sagen, ob Ihr Hund eine in der Nährstoffzusammensetzung und im Energiegehalt optimales Futter erhält.

Weniger Bewegung im Alter führt zu einem herabgesetzten Energiebedarf.

Futtermittel für bestimmte Rassen und Größen

Im Handel befinden sich verschiedene Futter für Hunde unterschiedlicher Rassen. Einiges deutet darauf hin, dass langhaarige Hunderassen von einem erhöhten Gehalt an schwefelhaltigen Aminosäuren profitieren. Große Rassen wie z.B. Doggen und auch Labradors neigen dazu, auf Feuchtfutter mit weichem Kot und Darmblähungen zu reagieren. Sollten Sie dies feststellen, verwenden Sie Trockenfutter. Aber abgesehen hiervon gibt es keine Hinweise darauf, dass ein spezielles Futter für eine bestimmte Rasse unbedingt nötig oder besonders vorteilhaft ist (wie verhielte es sich sonst mit den entsprechenden Mischlingen?). Achten Sie stattdessen auf individuelle Unverträglichkeiten und Vorlieben Ihres Hundes.

Etwas anders verhält es sich bei Hunden im Wachstum. Besonders Hunde der sogenannten Riesenrassen und großer Ras-

sen profitieren von einem geringfügig reduzierten Energie- und Kalziumgehalt im Futter zur Vermeidung von Skelett- und Gelenkerkrankungen. Fertigfutter für Welpen großer Rassen, die diesem gerecht werden, sind sicher zu empfehlen.

Der übergewichtige Hund

Grundsätzlich birgt auch beim Hund Übergewicht durch Verfettung (Adipositas) die Gefahr der Entstehung von ernsthaften Erkrankungen.

Eine Erhöhung des Körpergewichtes muss jedoch nicht in allen Fällen auf eine Verfettung hindeuten. Bestimmte Erkrankungen können ebenfalls die Ursache sein. Ist der Hund übergewichtig, sollten Sie zunächst tierärztlichen Rat einholen und feststellen lassen, ob außer Ernährungsfehlern und/oder mangelnder Aktivität unter Umständen medizinische Gründe für ein bestehendes Übergewicht vorliegen (besonders hormonelle Erkrankungen können die Ursache sein). Ist dies nicht der Fall, kann Ihnen Ihr Tierarzt eine verschreibungspflichtige, spezielle Reduktionsdiät verschreiben oder Sie bezüglich einer Futterumstellung bzw. -reduzierung beraten. Nach Abstimmung mit dem Tierarzt können unterstützend spezielle Medikamente zur Gewichtsreduktion eingesetzt werden, die die Fettaufnahme über den Darm einschränken.

Mehr Bewegung – aber schonend

Ähnlich wie bei uns Menschen spielt jedoch meist nicht nur die Ernährung, sondern die tägliche Bewegung/Aktivität eine entscheidende Rolle bei der Entstehung sowie der Behebung von Übergewicht. Oftmals kommt es zu einer Art Teufelskreis: Durch eine Gewichtszunahme kommt es zu einer Überlastung von Bewegungsapparat, Herz und Kreislauf.

Daraus resultiert eine verringerte körperliche Aktivität. Der Energieverbrauch sinkt und somit kommt es zu einer weiteren Gewichtszunahme, auch bei gleich bleibender Futtermenge (Energiezufuhr). Ferner steigt das Risiko bestimmter Erkrankungen (Diabetes, Gelenkerkrankungen, Herzerkrankungen, usw.).

Gewichtsreduktion

Falls möglich, erhöhen Sie den Energieverbrauch über eine (mäßige bzw. stufenweise) Steigerung der täglichen Aktivität. Erstellen Sie einen Ernährungsplan. Hilfreich ist es, hierfür über einen bestimmten Zeitraum die täglich aufgenommene Futtermenge zu protokollieren (die Leckerlis nicht vergessen!), um die tägliche Kalorienmenge bestimmen zu können. Ziel ist es, die täglich aufgenommene Energiemenge langsam und schrittweise (!) zu reduzieren.

Dick trotz normaler Futtermengen?

Ist der Zustand der Verfettung nach einer Phase der Gewichtszunahme erst einmal erreicht, kann der Organismus diesen Zustand auch mit vergleichsweise normalen Futtermengen aufrechterhalten (ist das Körperfett erst einmal aufgebaut und angelegt, hält es sich auf kleiner Flamme). Dies ist der Grund dafür, dass selbst ein kalorienreduziertes Lightfutter oftmals nur schwer den gewünschten Erfolg (Gewichtsreduktion) erbringt.

Auch beim Hund gibt es den sogenannten Jojoeffekt. Ein zu schneller Gewichtsverlust ist eher gesundheitsschädlich. Ideales Ziel: Ein Gewichtsverlust von 2 % pro Woche. Hieraus ergibt sich für einen Hund mit 20 kg eine Reduktion um ca. 1,5 kg auf einen Monat gerechnet. Wiegen Sie den Hund mindestens 1-mal pro Woche!

Möglichkeiten, um die tägliche Energiezufuhr zu drosseln:

– Umstellung auf ein kalorienreduziertes Futter (Lightprodukte oder besser verschreibungspflichtige, spezielle Reduktionsdiäten).
– Reduktion der täglichen Futtermenge.
– Reduktion der täglich verfütterten Menge an Leckerlis.

Für Selbstzubereiter:

Auch hier gilt: Eine Reduktion der täglichen Gesamtfuttermenge kann ausreichen. Ansonsten: Verringern Sie den Gesamtenergie- und Fettgehalt der Ration, gegebenenfalls erhöhen Sie den Rohfasergehalt (siehe S. 16). Die übrigen Nährstoffe bleiben unberührt.

Fettarme Zutaten

Eine gewisse Menge an hochwertigem Fett (mindestens 2 % der Gesamtration) ist unentbehrlich. Verwenden Sie kaltgepresste Pflanzenöle statt tierisches Fett.

Greifen Sie auf fettarmes Fleisch wie Geflügel oder fettarmen Fisch zurück. Verwenden Sie Kartoffeln und Gemüse (z.B. Bohnen) anstatt Reis oder Nudeln. Durch die Zugabe von Rohfaser (z.B. Speisekleie) verleihen Sie dem Futter Volumen und erzeugen bei Ihrem Hund ein Sättigungsgefühl. Bedenken Sie, dass das Kotvolumen dementsprechend erhöht sein kann!

Um auf den Knabberspaß nicht zu verzichten: Ersetzen Sie das Schweineohr durch getrocknete und besonders fettarme Rinderlunge.

Fütterung kranker Hunde

Kranke Hunde sowie Tiere nach überstandener Krankheit oder chirurgischen Eingriffen haben besondere Ernährungs- bzw. Nährstoffbedürfnisse. Viele Futterhersteller bieten entsprechend spezielle Diäten an. Hierbei handelt es sich um meist verschreibungspflichtige, medizinische Spezialfutter, die nur nach Absprache mit dem Tierarzt gefüttert werden sollten. In einigen Fällen wird eine medizinische Diät nur für die Dauer der Erkrankung verabreicht, in anderen Fällen lebenslang. Die meisten dieser Diäten sind ungeeignet oder sogar kontraindiziert zur Fütterung gesunder Hunde. Für nähere Informationen wenden Sie sich bitte an Ihren Tierarzt oder an geschulte tierärztliche Fachangestellte.

Unverträglichkeiten und Beschwerden

Allergien, Hautkrankheiten usw. nehmen auch bei unseren Hunden zu. Die Ernährung kann hier eine große Rolle spielen.

Futtermittelunverträglichkeiten

Grundsätzlich müssen wir eine Futtermittelintoleranz von einer echten Futtermittelunverträglichkeit im Sinne einer allergischen Erkrankung unterscheiden. Beide können zu ähnlichen Symptomen führen.

Intoleranzen haben keinen immunologischen Hintergrund. Sie werden direkt und ohne Beteiligung des Immunsystems durch in der Nahrung enthaltene Substanzen ausgelöst. Dies kann innerhalb kürzester Zeit und ohne einen vorausgegangenen Kontakt mit der entsprechenden Substanz direkt nach der Aufnahme der einzelnen Futterration geschehen. Ein Beispiel hierfür ist Laktose (Milchzucker), der beim erwachsenen Hund oft zu Durchfällen führt oder in Lebensmitteln enthaltenes Histamin sowie bakterielle Gifte.

Das Immunsystem hingegen spielt eine wichtige Rolle bei den echten Allergien auf Futterbestandteile, bei denen die körpereigene Abwehr auf Nahrungsbestandteile (= Allergene, zumeist Einweiße oder Eiweiß-Zucker-Verbindungen) reagiert, d.h. diese bekämpft. Eine Voraussetzung hierfür ist, dass der entsprechende Nahrungsbestandteil bereits über einen längeren Zeitraum aufge-

nommen wurde, da das Immunsystem Zeit benötigt, um eine Abwehr gegen den entsprechenden Stoff aufzubauen. Häufige Allergene beim Hund sind z.B. Rind, Huhn, Mais, Milchprodukte, Eier, Fisch (einige Sorten), Soja. Auf einige Konservierungsstoffe sind ebenfalls Reaktionen beschrieben worden.

> ### Zeitdauer
> Während sich Verdauungsbeschwerden schnell (innerhalb von Tagen) bessern sollten, kann dies je nach Dauer und Schwere der Erkrankung bei Hauterkrankungen viele Wochen bis einige Monate benötigen (daher mindestens sechs Wochen füttern, wenn innerhalb dieser Zeit auch nur eine leichte Besserung zu verzeichnen ist, fahren Sie fort).

Krankheitszeichen

Unverträglichkeiten können in jedem Alter auftreten, oftmals auch schon bei sehr jungen Hunden. Folgende Krankheitsanzeichen können auf eine Unverträglichkeit hindeuten und sowohl einzeln, als auch in Kombination und unterschiedlicher Schwere auftreten:
Magen-Darm Erbrechen, Durchfall, Blähungen, häufiger Kotabsatz, Verstopfung
Haut/Ohren Juckreiz, Entzündungen der äußeren Gehörgänge der Ohren (Otitis externa) sowie der Haut, Schuppenbildung, stumpfes, trockenes Fell u. a.
Sonstige Symptome Wachstumsstörungen bei Jungtieren, evtl. verringerter Appetit und Abgeschlagenheit, gelegentlich Niesen oder Husten.

Ausschlussdiäten

Besteht der Verdacht auf eine Futtermittelunverträglichkeit (nach Ausschluss anderer möglicher Ursachen) gilt es, herauszufinden, welcher Nahrungsbestandteil nicht vertragen wird. Hierfür stehen

Blutuntersuchungen zur Verfügung, die jedoch bis zum gegenwärtigen Zeitpunkt keine befriedigenden Ergebnisse liefern. Optimale Ergebnisse hingegen lassen sich durch eine korrekt durchgeführte Ausschlussdiät erzielen. Hierbei wird ein „neues" Futter über einen Zeitraum von mindestens 6 bis 12 Wochen ausschließlich gefüttert. Es sollte nur eine Kohlenhydratquelle (ideal: Kartoffel) und eine möglichst noch nie gefütterte Eiweißquelle enthalten (ein möglichst „exotisches" Eiweiß, wie z.B. Pferdefleisch, Hirsch oder auch Bohnen). Das Prinzip lautet: Auf etwas, das noch nie gefüttert wurde, kann es keine allergischen Reaktionen geben. Daher „Ausschlussdiät". Parallel dazu darf nichts anderes (keine Leckerlis, nicht einmal bestimmte Medikamente) verabreicht werden. Der Sinn dieser Fütterung besteht darin, dass die Beschwerden nachlassen bzw. ganz verschwinden, wenn sie auf eine Futterunverträglichkeit zurückzuführen waren.

Haut und Fell sind ein guter Indikator für die Verträglichkeit und Qualität der Nahrung.

Hypoallergenes Futter oder selbst zubereitetes Futter

Verschwinden die Krankheitszeichen komplett, kann entweder provoziert (das alte Futter erneut verabreicht) werden – innerhalb einer Woche können die Anzeichen der Allergie erneut auftreten – oder auf ein kommerzielles, hypoallergenes Futter umgestellt werden. Die Industrie liefert heute eine breite Palette an Fertigfuttern für die Durchführung der Ausschlussdiät, die Sie bei Ihrem Tierarzt erhalten. Die besten Ergebnisse jedoch werden nach wie vor mit selbst zubereitetem Futter erzielt. Kommerzielle, hypoallergene Futter können jedoch nach erfolgter Diagnosestellung eingesetzt werden. Dies sollten Sie stets mit Ihrem Tierarzt besprechen. Bis zum gegenwärtigen Zeitpunkt ist nicht sicher erwiesen, ob sich Futtermittelallergien auch gegen Zusatzstoffe richten. Tatsache ist jedoch, dass es Individuen gibt, die lediglich selbst zubereitetes Futter vertragen.

Die Haut – Spiegel der Gesundheit

Die Haut in ihrer Gesamtheit stellt das größte Organ im Körper dar. Die oberste Hautschicht, die sogenannte Epidermis gehört zu den sich am schnellsten und permanent erneuernden Geweben des Körpers. Bei einem gesunden Hund erneuert sie sich praktisch komplett ca.

Hauterkrankungen

Hauterkrankungen können durch eine Vielzahl verschiedener Erkrankungen auftreten. Hierzu gehören Parasiten wie Milben und Flöhe, Infektionen durch Pilze, Bakterien, Viren sowie hormonelle Erkrankungen.

alle drei Wochen. Auch die Haare wachsen permanent und in Abhängigkeit von saisonalen Faktoren (Fellwechsel) in unterschiedlicher Intensität. Aus diesen Gründen besteht für Haut und Haare ein besonders hoher Bedarf an bestimmten Nährstoffen, und ein nicht unerheblicher Teil der täglich aufgenommenen Nährstoffe werden dem Hautstoffwechsel zugeführt. Wichtig ist vor allem hochwertiges Eiweiß und insbesondere die geschwefelten Aminosäuren, die für den Aufbau des Proteins Keratin unentbehrlich sind. Dieser Hornstoff ist ein besonders schwefelreiches Strukturprotein, das am Aufbau der oberen Hautschicht, von Haaren und Krallenhorn beteiligt ist. Für die permanenten Erneuerungsprozesse werden weiterhin Biotin (Vitamin H – von „Haut"), Zink sowie eine Fülle weiterer Nährstoffe benötigt. Zur Aufrechterhaltung einer gesunden Haut und vor allem eines intakten Hautimmunsystems sind darüber hinaus essenzielle Fettsäuren und Antioxidantien erforderlich.

Die Haut ist gewissermaßen ein Spiegel der Gesundheit, da sie durch ihre permanente Erneuerung besonders schnell Mangelerscheinungen reflektiert. Oftmals ist dies nicht auf einen tatsächlichen Mangel an Nährstoffen in der Ernährung zurückzuführen (Ernährungsfehler werden erst über einen längeren Zeitraum sichtbar), da die meisten Futter die Anforderungen diesbezüglich erfüllen, sondern auf eine mangelnde Aufnahme über den Darm. Dies kann der Fall sein bei Magen-Darm-Erkrankungen, Infektionen, Darmparasiten, die entweder dem Körper die notwendigen Nährstoffe entziehen oder deren Aufnahme verhindern.

Auch ein „gesundes" Verhalten setzt eine gesunde Ernährung voraus.

Besonders Haut und Fell benötigen eine Vielzahl von Nahrungskomponenten.

Anzeichen für eine Hauterkrankung

Juckreiz, Rötungen, Schuppen, Flecken oder Pickel, ein schlechter Hautgeruch, Haarausfall und Verkrustungen. Auch ein stumpfes, glanzloses Fell kann Ausdruck einer Hauterkrankung sein.

Ursachen

Die Ursachen sollten im Zweifelsfall immer tierärztlich abgeklärt werden, da die Haut zwar viele Erkrankungen zuverlässig widerspiegelt, die Symptome jedoch häufig gänzlich unspezifisch sind, d.h. ein und dasselbe Krankheitszeichen Ausdruck einer ganzen Palette verschiedener Erkrankungen sein kann. Was die Ernährung betrifft, so gibt es Hinweise darauf, dass besonders langhaarige Rassen, oder auch Hunde während des Fellwechsels von einer Diät profitieren, die reich an geschwefelten AS ist. Besonders während des Fellwechsels jedoch ist generell eine besonders ausgewogene und komplette Ernährung wichtig.

Eine Unterversorgung besonders mit Eiweiß, aber auch von Fett (besonders essenziellen FS wie Linolsäure), kann zu Hautproblemen führen.

Zink, Eisen, Kupfer und Jod gehören zu den für den Hautstoffwechsel besonders wichtigen Mineralstoffen. Eine Überversorgung mit Kalzium kann durch eine wechselseitige Hemmung bei der Aufnahme im Darm zu einem Zinkmangel führen. Zinkmangel führt zu ernsten Hauterkrankungen. Besonders bei einigen nordischen Rassen (Alaskan Malamute, Huskys), eventuell auch bei Bullterriern tritt gehäuft ein erblich bedingter Zinkmangel mit entsprechenden Hautsymptomen auf. Dieser lässt sich jedoch durch eine entsprechende Ergänzung mit Zinkpräparaten kontrollieren.

> ### Europ-Dermatologen-Kongress 2007
> Eine Studie an West Highland White Terrier deutet darauf hin, dass das Füttern einer selbst zubereiteten Diät der trächtigen oder laktierenden Hündin zu einer 50 %igen Reduktion von Allergien beim Nachwuchs führt.

Futterergänzungsmittel

Viele im freien Handel angebotene Futterergänzungsmittel erfüllen nicht, was sie versprechen. Seealgenmehl kann zu einer Überdosierung von Jod führen, andere Mittel sind schlicht unwirksam. In einigen Fällen kann eine Ergänzung mit Biotin (Vitamin H) positive Effekte bringen. Auch Öle mit einem entsprechenden Gehalt an essenziellen Fettsäuren haben zum Teil, besonders bei allergischen Hauterkrankungen einen positiven Effekt, teilweise wird ihnen eine Juckreiz lindernde, entzündungshemmende Wirkung nachgesagt.

Verdauungsbeschwerden

Durchfall oder weicher Kot, Erbrechen, Verstopfung, Kotdrang, Schlitten fahren (= Rutschen auf dem After), Gasbildung (Flatulenz) oder auch einfach nur eine erhöhte Kotabsatzfrequenz (> 3-mal pro Tag) können verschiedene Ursachen haben. Zu diesen gehören auch Futtermittelunverträglichkeiten. Aufgrund der enormen Vielzahl anderer Ursachen (Parasiten, Infektionen, Vergiftungen, Fremdkörper, Tumoren des Verdauungstraktes sowie der Anhangdrüsen) ist es jedoch wichtig, diese durch Ihren Tierarzt diagnostisch abklären zu lassen, bevor eine futterabhängige Ursache unterstellt wird. Ein leichter, vorübergehender Durchfall oder gelegentliches Erbrechen,

Durchfall bei Welpen

Besonders bei Welpen kann es bei Durchfall und/oder Erbrechen schnell zu einem lebensbedrohlichen Verlust von Wasser und Elektrolyten (Mineralstoffen) kommen. Seien Sie hier besonders vorsichtig und warten Sie nicht zu lange.

die nicht mit einem gestörten Allgemeinbefinden einhergehen, können zunächst beobachtet werden. Andauernde Krankheitszeichen jedoch oder deutlich gestörtes Allgemeinbefinden, Fieber, Blutbeimischungen etc. sind dringende Gründe, den Hund einem Tierarzt vorzustellen. Nehmen Sie eine Kotprobe mit in die Praxis, um diese zunächst auf Darmparasiten etc. untersuchen zu lassen.

Minderwertiges Futter meiden

Besteht bei leichten Beschwerden der Verdacht, dass ein bestimmtes Futter nicht vertragen wird, so kann dieser durch einen simplen Futterwechsel gegebenenfalls bestätigt werden. Achten Sie darauf, besonders bei bereits als empfindlich bekannten Hunden, den Wechsel langsam zu vollziehen. Vermeiden Sie die Fütterung zu großer Mengen von minderwertigen Schlachtabfällen, Sojaschrot oder Bohnen sowie Kohlenhydraten. Fehlgärungen mit weichem Kot oder sogar Durchfall können besonders durch derart minderwertige Futtermittel entstehen. Achten Sie stets auf individuelle Unterschiede in puncto Verträglichkeit. Eine Mindestmenge Rohfaser sollte stets enthalten sein, da diese Wasser bindet und somit zu geformtem Kot beiträgt.

Schonkost

Während einer leichten oder auch abklingenden Magen-Darm-Erkrankung kann zur Entlastung und Schonung des Magen-Darm-Traktes eine kommerzielle oder selbst zubereitete, leicht verdauliche Schonkost verabreicht werden. Füttern Sie mehrere kleine Portionen über den Tag verteilt. Besonders geeignet für Selbstzubereiter sind beispielsweise Kartoffelpüree (ohne Milch, Butter etc.) mit Magerquark bzw. Hüttenkäse (im Verhältnis $^2/_3 : ^1/_3$ bis maximal $^1/_2 : ^1/_2$), Reis-(schleim) mit Huhn (keine Haut und Knochen) bzw. Putenfleisch oder magerem Fisch (Fleisch und Fisch, möglichst klein zerschnitten oder zusammen mit dem Reis püriert). Fragen Sie Ihren Tierarzt nach weiteren geeigneten Diäten. Diese Fütterung kann über einige Tage oder bis zum Abklingen der Symptome beibehalten werden. Im Anschluss gehen Sie langsam (!) zur gewohnten Fütterung über, indem der Schonkost täglich kleine Mengen des herkömmlichen Futters beigemischt werden.

Appetitlosigkeit

Unter Hunden gibt es (ähnlich wie bei uns Menschen) wahre Allesfresser sowie wählerische Individuen. Individuelle Abneigungen sind möglich. Respektieren Sie diese im Rahmen des Machbaren und Akzeptablen. Unterscheiden Sie jedoch echte Unverträglichkeiten (die sich gegebenenfalls durch Störungen der Verdauung, des Allgemeinbefindens, Veränderungen der Haut etc. zeigen) von eventuellen Versuchen Ihres Hundes, lediglich immer das schmackhafteste Futter zu ergattern.

Ein Hund kann durchaus einmal einen Tag sein Futter verweigern, ohne dass dies ein ernstes Problem darstellt. Achten Sie jedoch auf Anzeichen einer Magen-Darm- oder sonstigen Erkrankung. Treten Durchfall und/oder Erbrechen auf, ist das Allgemeinbefinden deutlich gestört (Fieber, Apathie etc.), oder hält die Appetitlosigkeit an, wenden Sie sich unbedingt an Ihren Tierarzt.

Futtermäkler

Aschereiche Futter werden generell ähnlich wie Gemüse oder pflanzliches Eiweiß von Hunden weniger gerne gefressen, eiweißreiche Futtermittel tierischen Ursprungs werden ebenso wie fettreiche Rationen in der Regel bevorzugt. Durch Erwärmen des Futters kann ebenfalls die Futteraufnahme stimuliert werden. Aber

Unfähigkeit zu Fressen

Echte Appetitlosigkeit muss von der Unfähigkeit, Nahrung aufzunehmen unterschieden werden. Hier will der Hund fressen, kann es aber nicht. Zahn- oder Zahnfleischprobleme, Schluckbeschwerden und andere Ursachen können die Gründe sein. Besteht ein solcher Verdacht, suchen Sie Ihren Tierarzt auf.

wie bereits erwähnt: Hüten Sie sich davor, sich von Ihrem Hund „erziehen" zu lassen. Wechseln Sie im Fall einer zögerlichen Futteraufnahme nicht immer gleich das Futter. Der Hund kommt schnell dahinter, wie das bevorzugte Futter durch entsprechendes Verhalten „erbeutet" werden kann.

Auch in bestimmten Situationen (direkt im Anschluss an eine intensive körperliche Aktivität, bei „Liebeskummer" oder auch während der Läufigkeit) kann es vorübergehend zu Appetitlosigkeit kommen. Natürlich gilt dies auch für echten „Kummer", wie den Verlust eines Partnertieres oder gar des Frauchens bzw. Herrchens. Hier hilft manchmal nur Geduld und Zuwendung.

Darmerkrankungen

Vernachlässigen wir einmal krankhafte Ursachen, so werden Blähungen durch eine vermehrte Gasbildung (eine bestimmte Menge pro Tag ist normal) vor allem im Dickdarm durch die bakterielle Vergärung von Nährstoffen verursacht. Normalerweise bilden sich im Dickdarm Kohlendioxyd und Wasserstoff. Bestimmte Keime jedoch produzieren vermehrt für unsere Nase übel riechende Gase wie Schwefelwasserstoff, Ammoniak oder Merkaptane. Einige Hunde scheinen hierfür anfälliger zu sein als andere, so dass individuelle Faktoren eine Rolle

spielen können. Hierzu zählen besonders futterabhängige Faktoren: Futtermittel mit einer geringen Verdaulichkeit sind weniger zur Fütterung empfindlicher Tiere geeignet, ebenso wie Hülsenfrüchte (Leguminosen), Schlachtabfälle mit hohem Bindegewebsanteil, laktosereiche Produkte wie Milch und nicht aufgeschlossene Getreidekörner (Vollwertfutter).

Günstig auf eine entsprechend empfindliche Verdauung wirken:
- Nudeln oder Reis (keine Vollkornprodukte), Kartoffeln, Ei, Hüttenkäse, hochwertiges Fleisch oder Fisch.
- Fett: Eine fettreiche Nahrung kann die bakterielle Gasbildung drosseln. Besonders günstig scheinen hier tierische Fette wie Rindertalg zu sein (pflanzliches Fett wird zum großen Teil verdaut und absorbiert, bevor es den Dickdarm erreicht).

Grasfressen – der Grund liegt noch im Dunkeln.

Achten Sie auf einen Mindestgehalt an Rohfaser in der Ration zur Regulierung der Darmpassage, die weder zu schnell, noch zu langsam sein darf, da beides die Gasbildung begünstigen kann. Testen Sie verschiedene Rohfasertypen (Kleie, geriebene Äpfel, Karotten, etc.), da einige von ihnen auch zu Gasbildung führen können.

Kotfressen

Das Fressen von Kot ist oftmals eine Unart, und es bestehen keine gesicherten Hinweise darauf, dass ein Mineralstoffmangel oder eine sonstige Nährstoffunterversorgung oder Erkrankungen von Magen oder Darm die Ursache sind. Ausgenommen hiervon scheinen Schäferhunde, die bei Erkrankungen der Bauchspeicheldrüse Kot zu fressen beginnen. Der Kot von Pflanzenfressern enthält Vitamine, Ballaststoffe und andere Nährstoffe. Es spricht also im Prinzip nichts dagegen, wenn Ihr Hund Pflanzenfresserkot frisst. Anders verhält es sich mit dem Kot von Fleischfressern. Parasiten und Infektionen (z.B. Salmonellen) können auf diesem Weg übertragen werden, davon abgesehen, dass es oftmals ganz einfach äußerst unangenehm ist, wenn der Hund derartige Exkremente frisst. Versuchen Sie, dieses Verhalten zu unterbinden.

Nicht alles, was „glänzt", gehört in den Hundemagen.

Grasfressen

Es gibt keine wirklich befriedigende Erklärung für das häufig beobachtete Fressen von Gras bei Hunden. Dass Hunde auf diese Weise das Erbrechen stimulieren, konnte ebenso wenig nachgewiesen werden, wie ein erhöhter Bedarf an pflanzlichen Faserstoffen (Rohfaser) bzw. deren ungenügender Gehalt im Futter. Schaden tut es sicher nicht, also lassen Sie Ihren Hund ruhig einmal „grasen".

Erbrechen

Erbrechen bedeutet das Auswürgen von Mageninhalt. Viele Erkrankungen, nicht nur des Verdauungstraktes, können hierfür die Ursache sein und sollten vom Tierarzt abgeklärt werden. In einigen Fällen kann jedoch das Erbrechen von Mageninhalt eine Schutzfunktion darstellen. Dies ist z.B. der Fall bei Fremdkörpern, Futter, das im Magen zu stark und schnell aufquillt, zu kaltem Futter (direkt aus dem Kühlschrank) oder auch bei verdorbenem Futter. Eine generelle Regel lautet: Je schneller das Erbrechen nach der Futteraufnahme erfolgt, desto weiter „oben" (Speiseröhre, Magen) im Verdauungskanal liegt die Ursache.

Magendrehung

Große Hunde zeigen gelegentlich ein starkes Aufgasen des Magens. Hierbei dehnt sich der Magen durch Gasbildung zunächst aus, kann sich dann auch verlagern. Dreht er sich (Magendrehung), so kann das Gas in keine Richtung mehr entweichen und es kommt in kürzester Zeit zu einer weiteren lebensbedrohlichen Aufgasung, die zu Kreislaufversagen und Tod führt, sofern nicht umgehend tierärztliche Hilfe geleistet wird!

Sie erkennen eine Magendrehung an einer plötzlichen Auftreibung des Leibes, Anzeichen von starken Schmerzen sowie Anzeichen für Kreislaufschwäche. Zu den möglichen Ursachen, im Sinne von begünstigenden Faktoren, zählen sowohl erbliche Faktoren (Veranlagung insbesondere bestimmter Rassen bzw. Zuchtlinien) sowie futterabhängige Faktoren wie ein hoher Keimgehalt, größere Mengen leicht vergärbarer Inhaltsstoffe sowie ein hoher Aschegehalt (Pufferwirkung im Magen). Auch die Art der Fütterung kann ihren Teil beitragen, zu hoch gestellte Futternäpfe, die Fütterung zu großer Mengen auf einmal (einmal pro Tag) oder von verdorbenem Futter, körperliche Anstrengung oder Aufregung sowohl vor als auch nach der Fütterung, sind hier zu nennen.

Möglicherweise produzieren einige Individuen zu wenig Magensäfte oder weisen eine verzögerte Magenentleerung auf, einige Tiere schlucken Luft ab. All dies kann eine Magendrehung bzw. Magenblähungen begünstigen.

Vorsorge

Besonders bei großen Hunden können Sie vorbeugen, indem Sie stets auf frisches, hygienisch einwandfreies Futter (besonders im Sommer nicht zu lange stehen lassen) achten. Füttern Sie regelmäßig und mehrmals täglich kleinere Portionen (Ideal ist 2 bis 4-mal täglich). Eventuell ist fettreichem Futter gegenüber Futter mit einem zu hohen Getreideanteil der Vorzug zu geben. Zu viel Kalzium wirkt puffernd auf den Mageninhalt. Der Säuregehalt sinkt und Keime können sich vermehren und so eine erhöhte Gasbildung ermöglichen. Vermeiden Sie Konkurrenzsituationen beim Fressen, die zu hastigem Herabschlingen führen können.

Verstopfung

Besonders bei häufiger Verstopfung sollte tierärztlich untersucht werden, ob eine mechanische Behinderung der Darmpassage vorliegt. Zysten, Tumoren, Fremdkörper usw. in der Bauchhöhle, im Becken- oder Analbereich sowie neurologische Erkrankungen können zur Behinderung der Passage von Darminhalt bzw. Kot führen.

Liegen keine derartigen Ursachen vor, so können diese in der Art der Fütterung zu suchen sein. Die Fütterung von Knochen (Bildung von sogenanntem Knochenkot) oder besonders rohfaserhaltigem Futter (auch bestimmte Spezialdiäten wie z.B. Reduktionsdiäten) kann zu Verstopfung führen. Die Verabreichung von Abführmitteln für den menschlichen Gebrauch kann zu gefährlichen Situationen führen und sollte daher vermieden werden, bis die Ursache untersucht wurde.

Zahnsteinbildung

Die Bildung von Zahnstein ist nicht nur ein ästhetisches (übler Geruch aus dem Maul), sondern auch ein medizinisches Problem, da besonders Zahnfleischerkrankungen wie Zahnfleischentzündung, Parodontose usw. die Folge sind. Die Bildung von Zahnstein wird wahrscheinlich durch das Verfüttern von ausschließlich oder überwiegend Feuchtfutter bzw. weichem Futter begünstigt. Bisher ist jedoch nicht erwiesen, ob Trockenfutter oder größere Knabbersnacks tatsächlich für genügend Reibung an den Zähnen sorgen, um die Bildung von Zahnstein zu verhindern oder gar vorhandenen Zahnstein zu entfernen. Letzteres ist sicher kaum der Fall.

Zu den genannten Ursachen kommt eine erbliche Komponente. Die genetisch vorprogrammierte Mineralisierung des Speichels kann variieren. Je stärker diese ist, umso mehr besteht die Tendenz zur Bildung von Zahnstein.

Im Fachhandel werden zahlreiche Trockenfutter und Kauartikel angeboten, die durch Reibung an den Zähnen während des Kauens für eine Reduzierung von vorhandenem Zahnstein sorgen und der Entstehung von neuem vorbeugen sollen. Einige Hunde neigen eher dazu, Futter (auch größere Bissen) in einem hinunterzuschlingen, andere kauen gründlicher.

In diesen Fällen können derartige Kauprodukte evtl. tatsächlich hilfreich sein. Auch Zähneputzen kann bei Hunden, welche zur Zahnsteinbildung neigen, vorbeugend hilfreich sein.

Neben Zahnsteinbildung können die Fütterung selbst (Verfüttern von überwiegend Schlachtabfällen) oder Kotfressen die Ursachen für einen schlechten Maulgeruch sein.

Kauartikel können zumindest teilweise der Bildung von Zahnstein entgegenwirken.

Service

Service

Zum Weiterlesen

Bailey, Gwen: **Was denkt mein Hund.** Kosmos 2005

Blenski, Christiane: **Hunde erziehen, ganz entspannt.** Kosmos 2005

Blenski, Christiane: **Hundespiele.** Kosmos 2007

Bloch, Günther: **Die Pizza-Hunde** (Buch & DVD). Kosmos 2007

Führmann, Petra; Nicole Hoefs: **Das Kosmos-Erziehungsprogramm für Hunde.** Kosmos 2006

Hans, Sabine: **Iss was, Dog!** Kochen für mich und meinen Hund. Kosmos 2007

Mücke, Anke: **Zufrieden an der Leine.** Kosmos 2007

Schöning, Barbara: **Hundeverhalten.** Kosmos 2008

Quellen

Grundlagen der Kleintier-ernährung. Veterinary nutrition adviser. Hill's Pet Nutrition, Inc.

Hand, M.; C. Thatcher; R. Remillard; P. Roudebush (Hrsg.): **Klinische Diätetik für Kleintiere.** Schlütersche, Hannover 2003

Meyer, H.; J. Zentek: **Hunde richtig füttern.** Ulmer, Stuttgart 2004

Meyer, H.; J. Zentek: **Ernährung des Hundes.** Grundlagen und Praxis. Berlin 2001

Suter, P.F.; B. Kohn; H.G. Niemand: **Praktikum der Hundeklinik.** MVS, Stuttgart 2006

Nützliche Adressen

Die Tierärzte am Grandweg 68 GmbH
Dr. Martin Bucksch
Grandweg 68
22529 Hamburg

Verband für das Deutsche Hundewesen (VDH)
Westfalendamm 174
D – 44041 Dortmund
Tel.: 0231 56 50 00
Fax: 0231 59 24 40
Info@vdh.de
www.vdh.de

Dank

Mein besonderer Dank gilt der Firma Hills Pet Nutrition, die mir umfangreiches Recherchematerial zur Verfügung gestellt hat.

Kleines ernährungsphysiologisches Lexikon

Absorption Aufnahme von Nährstoffen über die Darmwand.

Adipositas Fettsucht, Verfettung, Übergewicht

Ad libitum Unbegrenzt zur Verfügung stehend, jederzeit bestehender, freier Zugang zu Futter und Wasser.

Alleinfutter Vollkost, Vollnahrung. Zur ausschließlichen Ernährung geeignet.

Aminosäuren Bausteine der Proteine. Organische Verbindungen mit mindestens einer Amino- und einer Carboxylgruppe.

AS Aminosäure

Ballaststoffe sinngemäß: Rohfaser.

Ca Abkürzung für Kalzium.

Darmflora Im Darm, teilweise auch im Magen lebende Bakterien.

Darmperistaltik Eigenbewegung der Wände von Hohlorganen (Darm) durch die Kontraktion aufeinander folgender Abschnitte.

Diät Eine spezielle Nahrung, die zur Behandlung oder Vorbeugung bestimmter Erkrankungen von Tierärzten verschrieben bzw. abgegeben wird.

Energie Voraussetzung für jede Arbeit. Jede körperliche Aktivität erfordert Energie, die dem Lebewesen durch die Aufnahme energiehaltiger Substanzen über die Nahrung zugeführt wird. Angabe früher in Kalorien (kcal oder cal), heute in Joule (MJ = Megajoule oder KJ = Kilojoule).

Energiedichte Energie pro Gewichtseinheit Futter. Noch heute meistens angegeben in kcal umsetzbarer Energie pro Gramm Futter oder Futtertrockensubtanz. Ansonsten in KJ je Gramm Futter oder FutterTS.

Enzyme Substanzen, die bei chemischen Reaktionen im Körper (unter anderem bei der Verdauung) als Katalysatoren funktionieren.

Ergänzungsfutter Futter zur Ergänzung unausgewogener Grundfuttermittel. Beispiele sind Vitamin- und Mineralstoffergänzungsfutter zur Vervollständigung selbst zubereiteter Futterrationen.

Erhaltungsbedarf Energiebedarf eines ausgewachsenen Tieres, das keine besondere Aktivität erbringt.

Essenziell lebensnotwendig, kann nicht vom Organismus selbst hergestellt werden (für Aminosäuren und essenzielle Fettsäuren verwendeter Begriff).

Flatulenz Gasausscheidung aus dem Dickdarm.

FS Fettsäure

Futterkalk Kalziumkarbonat, enthält ca. 37 % Kalzium.

Futterzusatzstoffe Dem Futter zur Verbesserung von Haltbarkeit, Geschmack, Geruch, Farbe oder Struktur zugesetzte Substanzen.

Gluten In Getreide enthaltene Eiweißstoffe.

Homöostase
Konstanz,Gleichgewicht
der physiologischen
Funktionen im Organismus.

IE Internationale Einheit
(zur Angabe von Vitamin
A und D).

Joule Energieeinheit
(Angabe meistens in Kilojoule (1 KJ = 1000 Joule)
oder Megajoule (1 MJ =
1000 KJ).

Kalorie Energieeinheit.
1 Kalorie = 4,18 Joule

Kleber Gluten (Getreideeiweiß)

Laktation Stillen

Laktose Milchzucker

**Mehrfach ungesättigte
Fettsäure** Eine Fettsäure,
die mehr als eine Doppelbindung enthält.

Mengenelemente Kalzium, Phosphor, Magnesium, Natrium, Kalium,
Chlorid, Schwefel.

mg Milligramm
(1 Gramm = 1000 mg).

Mineralstoffe Anorganische Nährstoffe (Kristalle) und strukturierende
chemische Elemente. Zu
ihnen zählen die Mikro-
und die Makromineralstoffe.

Nährstoffe Alle, für den
Stoffwechsel nützlichen
Produkte wie z.B. Protein
(Eiweiß), Kohlenhydrate
(Zucker und Stärken),
Kalzium, usw.

Pankreas Bauchspeicheldrüse

P Abkürzung für Phosphor

Periodontitis Zahnfleischentzündung

Protein Eiweiß

Reduktionsdiät Spezielle
Nahrung zur Gewichtsreduktion.

Spurenelemente Mineralstoffe, die in geringen
Mengen im Körper vorkommen und in der Nahrung benötigt werden wie
z.B. Eisen, Zink, Kupfer,
usw.

Schleimhaut Innere Auskleidung des Magen-
Darmtraktes, über die
teilweise die Aufnahme
der Nährstoffe (=> Absorption) erfolgt.

Stickstofffreie Extraktstoffe N-freie Extraktstoffe (also keinen Stickstoff enthaltend).

Bezeichnung für alle im
Futter enthaltenen
Kohlenhydrate.

Ungesättigte Fettsäuren
Nicht vollständig mit
Wasserstoff „abgesättigte" Fettsäuren.

Toxizität Die Eigenschaft,
giftig zu sein.

Veganismus Strenger
Vegetarismus, der auf
tierische Produkte in
jeder Form verzichtet.

Vegetarisch Kein Fleisch
enthaltend.

Verdaulichkeit Anteil des
Futters oder Nährstoffes,
der verdaut wird (Aufnahme minus Ausscheidung
über den Kot).

Vitamin Lebensnotwendiger organischer Stoff,
der in geringen Mengen
über die Nahrung aufgenommen werden muss.

Vitaminierte Mineralfutter Mineralfutter, denen
Vitamine zugesetzt wurden. Hergestellt zur Ergänzung selbst zubereiteter Futterrationen.

Weendener Futtermittelanalyse Verfahren zur Bestimmung von Rohnährstoffen.

Register

Bildnachweis und Impressum

Mit 47 Farbfotos von Verena Scholze/Kosmos, die eigens für dieses Buch aufgenommen wurden.

Farbfotos von Bettina Banduhn (1: S. 55), Martin Bucksch (5: S. 5, 62, 63, 69, 79), Heike Erdmann/Kosmos (2: S. 102, 103), Melanie Grande/Kosmos (3: S. 52, 117, 122), Christof Salata/Kosmos (4: S. 76, 99, 108, 121), Ulrike Schanz (1: S. 1), Horst Streitferdt/Kosmos (5: S. 54, 57, 81, 119), Sabine Stuewer/Kosmos (11: S. 10, 35, 38, 41, 44, 59, 950, 96, 97, 106, 118) und Karl-Heinz Widmann/Kosmos (8: S. 26, 27, 30, 31, 95u, 105, 107).

Farbzeichnung von Wolfgang Lang (1: S. 9), Cartoons von Angelika Schmohl.

Umschlag von eStudio Calamar unter Verwendung von zwei Farbfotos von Ulrike Schanz (Vorderseite) und Verena Scholze (Rückseite).

Mit 92 Farbfotos, einer Farbzeichnung und fünf Cartoons.

Unser gesamtes lieferbares Programm und viele weitere Informationen zu unseren Büchern, Spielen, Experimentierkästen, DVDs, Autoren und Aktivitäten finden Sie unter **kosmos.de**

Alle Angaben in diesem Buch erfolgen nach bestem Wissen und Gewissen. Sorgfalt bei der Umsetzung ist indes dennoch geboten. Autor und Verlag übernehmen keinerlei Haftung für Personen-, Sach- und Vermögensschäden, die aus der Anwendung der vorgestellten Materialien und Methoden entstehen können.

Gedruckt auf chlorfrei gebleichtem Papier

© 2008, Franckh-Kosmos Verlags-GmbH & Co. KG, Stuttgart
Alle Rechte vorbehalten
ISBN 978-3-440-11127-7
Redaktion: Hilke Heinemann
Gestaltungskonzept: eStudio Calamar
Produktion: Eva Schmidt
Printed in Germany/Imprimé en Allemagne

FSC
www.fsc.org
MIX
Papier aus verantwortungsvollen Quellen
FSC® C110508